Rudolf Virchow

Goethe als Naturforscher

Salzwasser

Rudolf Virchow

Goethe als Naturforscher

1. Auflage | ISBN: 978-3-84607-800-6

Erscheinungsort: Paderborn, Deutschland

Erscheinungsjahr: 2015

Salzwasser Verlag GmbH, Paderborn.

Nachdruck des Originals von 1861.

Rudolf Virchow

Goethe als Naturforscher

Salzwasser

Göthe als Naturforscher

und

in besonderer Beziehung auf Schiller.

Eine Rede nebst Erläuterungen

von

Rudolf Virchow.

Vorwort.

Im Anfange dieses Jahres wurde auf An=
regung des zur Errichtung eines Göthe=Denkmals
in Berlin zusammengetretenen Comité's eine
Reihe von Vorlesungen im Saale der Sing=
akademie gehalten, welche den Zweck hatten, das
Verständniß eines Mannes, der so Vielen nahe
steht und doch fast jedem eine unbekannte Seite
zuwendet, einem größeren Kreise zu erschließen.
Die nachstehende Vorlesung war der Zeit nach
die erste in dieser Reihe. Sie wurde am 7. Fe=
bruar gehalten, war aber ursprünglich für den
10. November, Schiller's Geburtstag, bestimmt
gewesen. Aeußere Verhältnisse hatten den Beginn
der Vorlesungen aufgehalten, indeß konnte das
den Verfasser nicht bestimmen, wesentliche Aende=
rungen vorzunehmen, nicht bloß, weil der gesammte
Gedankengang einmal darauf angelegt war, die

an und für sich so anziehende Beziehung auf
Schiller mit in den Vordergrund treten zu lassen,
sondern hauptsächlich deßhalb, weil dieser Gedanken=
gang eine innere Berechtigung, ja man kann sagen,
eine innere Nöthigung hat. Ueberdieß ist er in
manchen Richtungen neu und zugleich geht er auf
Fragen von höchstem psychologischem Werthe.
Wie ward der Dichter Naturforscher? Wie ge=
wann er gerade den Mann als allernächsten
Freund, der die Naturforschung verlassen hatte,
um ein Dichter zu werden?

Ein anderer hätte dieses psychologische Ge=
mälde wahrscheinlich anders ausgeführt. Für den
Naturforscher, der die Anschauung, die Thatsache,
den Beweis über Alles zu schätzen gewohnt ist,
gab es keine Wahl. Er hat sich redlich bemüht,
das Bild der beiden Männer in den entscheiden=
den Epochen ihrer Entwickelung so gegenständlich
als möglich zu zeichnen; er hat es häufig vor=
gezogen, sie selbst sprechen zu lassen; auch sind
überall die Beweisstellen angegeben, welche für
die Darstellung benutzt sind. Der Verfasser weiß
es wohl, daß die Rede dadurch ungleich, unter=
brochen, ja zuweilen schwerfällig geworden ist,

aber er hat geglaubt, daß gerade auf diesem, so vielfach vernachläſſigten Gebiete es mehr auf Treue, als auf Schönheit der Darstellung ankomme.

Indeß war der Stoff zu groß, um im Laufe einer kurzen Abendstunde in allen Einzelnheiten, die doch wiſſenswerth ſind, vorgeführt werden zu können. Es ſind daher hier am Schluſſe der Rede mehrere erläuternde und beweiſende Beilagen, zum Theil vom Standpunkte der ſtrengeren Forſchung aus bearbeitet, beigegeben worden, Beilagen, welche vielleicht auch für die Geſchichte der deutſchen Wiſſenſchaft einigen Werth haben dürften, da ſie eine der wichtigſten Entwickelungsepochen und die gegenſeitigen Anregungen vieler der beſtimmenden Perſönlichkeiten beleuchten.

Diese Beilagen sind folgende:

So laſſe ich denn dieſen kleinen und doch ziemlich mühevollen Verſuch in die Welt hinaus= gehen, nicht ohne die Hoffnung, daß die Erinne= rung an die bewundernswerthe Entwickelungs= geſchichte zweier unſerer größten Männer dazu beitragen werde, manche Gegenſätze zu verſöhnen, welche in dem Streit der Gegenwart mit ver= derblicher Gewalt die Gemüther Vieler gefangen halten. Idealismus und Realismus, Philoſophie und Naturwiſſenſchaft — ſie finden ihre be= glückende Verſöhnung in der äſthetiſchen Ent= wickelung des Individuums.

Berlin, am 19. Juni 1861.

Göthe als Naturforscher.

Am 14. December 1779 herrschte in der Carls=
schule zu Stuttgart die heiterste Feststimmung. Die
großen Jahresprüfungen waren beendet, und die Feier
des Stiftungstages sollte zugleich denjenigen Eleven,
welche die besten Beweise ihres Fleißes geliefert hatten,
die öffentlichen Ehren bringen. Denn Herzog Carl
wußte es wohl, daß in den jugendlichen Herzen das
edle Feuer des Ehrgeizes neue Stärke gewann, indem
er die Preisvertheilung unter seinem eigenen Vorsitz,
bei gefüllten Gallerien, wie eine wichtige Staatshand=
lung vor sich gehen ließ. Wenn dann aus der mili=
tärisch geschlossenen Linie der Schüler einer nach dem
andern hervorgerufen ward, von dem Herzog selbst den
Preis in Empfang nehmen und zum Zeichen des
Dankes den Rock des Monarchen küssen durfte, so
klopfte wohl das Herz rascher, und die Eltern und
Freunde empfanden die Ehre, als ob sie auch ihnen
widerfuhr.

1

Diesmal war die Reihe an Friedrich Schiller. Welche Empfindungen mochten die Brust des freiheits= dürstenden Jünglings erfüllen, als er vortrat, eingezwängt in den steifen Paradeanzug, mit Zopf und Papilloten, den Degen an der Seite, den dreieckigen Hut in der Hand! Kaum waren vier Wochen vergangen, seit er — am 10. November — sein einundzwanzigstes Lebens= jahr begonnen, und doch wie leidenschaftlich war schon sein Sehnen, eine Anstalt verlassen zu dürfen, welche, wie ein Gefängniß, ihn fast sechs Jahre seines Lebens gefesselt gesehen hatte. Der Wunsch seiner Eltern, ihn zum Theologen zu machen, war an dem mächti= geren Willen des Herzogs gescheitert, der ihn zum Juristen bestimmte, und als es ihm endlich gelungen war, der Juristerei zu entfliehen, hatte er sich selbst die Medicin erwählt. Leuchtete ihm[1]) doch des großen Albrecht v. Haller Vorbild, der nicht nur Mediciner und Staatsmann, sondern auch Dichter war. Rüstig hatte er sich ans Werk gemacht. Schon im Jahre 1778 hatte er den ersten Preis in der Anatomie[2]) erlangt, aber schon ein Jahr früher hatte er angefan=

---

[1]) Carl Hoffmeister Schiller's Leben, Geistesentwickelung und Werke. Stuttg. 1858. I. S. 52.

[2]) C. Hoffmeister Schiller's Leben, ergänzt und heraus= gegeben von Heinr. Viehoff. Stuttg. 1846. I. S. 53.

gen, die „Räuber" zu dichten, jenes wunderbare Stück,
von dem man nicht mit Unrecht gesagt hat, daß es,
in Gutem und in Bösem, nirgends den jungen Me=
diciner verleugne. In so getheilten Studien war die
Zeit gekommen, wo er nach dem gewöhnlichen Gang
der Dinge die Akademie hätte verlassen sollen. Er
hatte seine Preisschrift eingereicht, welche den stolzen
Titel führte: Philosophie der Physiologie, aber seine
drei Richter hatten sie einstimmig verworfen.[1]) Man
hatte dem Verfasser Fleiß und Talent zugestanden;
der eine seiner Richter hatte erklärt, „sein alles durch=
suchender Geist verspreche nach geendeten jugendlichen
Gährungen einen wirklich unternehmenden und nütz=
lichen Gelehrten", ja der Herzog selbst hatte in seiner
Ordre vom 13. November erklärt, er werde „gewiß ein
recht gutes Subjectum werden."[2]) Aber trotz aller
dieser Lobsprüche ward er doch auf ein Jahr zurück=
gesetzt. Das war sein letztes Geburtstagsgeschenk ge=
wesen: noch ein ganzes, langes Jahr in den Mauern
einer Anstalt, die ihm so Vieles bot, aber noch weit
mehr, ja das Einzige, wonach er sich sehnte, Muße

---

[1]) Palleske Schiller's Leben und Werke. Berlin 1858.
Bd. I. S. 103.

[2]) Heinr. Wagner Geschichte der Hohen Carlsschule.
Würzburg 1856. S. 634.

und Freiheit, raubte. Die Räuber gewannen mehr
bei dem Jahr, als die Heilkunde, und nicht Alle ur-
theilten wie der Oberchirurg Klein, daß er das Zeug
zu einem Gelehrten habe. Scharffenstein wenigstens,
sein damals so geliebter Mitschüler, sagte später von
ihm: „Wäre Schiller kein großer Dichter geworden,
so war für ihn keine Alternative, als ein großer
Mensch im aktiven, öffentlichen Leben zu werden,
aber leicht hätte die Festung sein unglückliches, doch
gewiß ehrenvolles Loos werden können."

Und noch waren ja die „jugendlichen Gährungen"
nicht beendet, als der blasse, kränkliche, so tief er-
schütterte junge Mann an jenem December-Tag zu
dem Herzog trat, um seine Preise zu empfangen.
Ihrer drei waren ihm zugefallen, in der Arzneimittellehre, in der äußern und innern Heilkunde je einer.
Aber konnte er heute an Arzneimittel, an Chirurgie
und Klinik denken, wo neben dem Herzog Carl zwei
fremde Gäste standen, deren Erscheinen genügen mußte,
die gesammte Jugend der Akademie in Aufruhr zu
bringen? War da nicht Carl August von Weimar
und mit ihm Wolfgang Göthe? Göthe, dessen Werke
längst von den Eleven verschlungen waren? „Nicht
gering", sagt Petersen, ein anderer Mitschüler, „war
das Aufsehen, das der schöngestaltete, mit genialischer

Kraft auftretende und um sich blickende Mann in der
Akademie erregte."[1]) Aber es war nicht blos die
schöne Gestalt, nicht blos das olympische Haupt, es
war der Dichter des Götz, des Werther, des Clavigo, es war der jugendliche Sieger, der mit schaffender Gewalt in Sturm und Drang eine neue Aera
geistigen Lebens aus ureigner Kraft begründet hatte.
Da stand er, der Liebling der Götter, kaum dreißig
Jahre alt, er, auf den die Augen der Nation gerichtet
waren, den die Besten aus allen Stämmen Freund
zu nennen sich zur Ehre rechneten, den der edelste
Fürst in seinen Rath, an seinen Busen gerufen hatte.
Wohl mochte die Gewalt der äußeren Erscheinung
Alle fesseln an einem Manne, von dem Hufeland
erzählte: „Noch nie erblickte man eine solche Vereini-
gung physischer und geistiger Vollkommenheit in einem
Manne, als damals (1776) an Göthe"[2]), von dem
Lavater nach ihrer ersten Begegnung schrieb: „Un-
aussprechlich süßer, unbeschreiblicher Auftritt des
Schauens"[3]), ja von dem er zu seinem Freunde
Zimmermann sagte, er sei der furchtbarste und der

---

[1]) Hoffmeister — Viehoff. I. S. 53.
[2]) Carus Göthe. S. 48.
[3]) Geßner Leben Lavaters. II. S. 127.

liebenswürdigſte Menſch[1]). Das begeiſterte Auge der
Jugend aber ſchaut ebenſo viel, wenn nicht noch
mehr, als der prüfende Blick des Phyſiognomikers,
und wie es ſich erhob zur bewundernden Betrachtung
jener mächtigen und doch ſo ſchönen Stirn, hinter
deren voller Wölbung ſchon damals die Entwürfe
des Fauſt, des Egmont, des Wilhelm Meiſter, der
Iphigenie ſich ordneten, da mochte es wohl den Glanz
ruhiger Hoheit ganz aufnehmen, der von da beſeli=
gend auf Alles ausſtrahlte.

So ſtanden die Zwei einander gegenüber, wie
Menſchen, die nie zu einander gehören könnten, und
da mochte wohl keiner ſein unter den vielen Zu=
ſchauenden, dem eine Ahnung durch den Kopf flog,
dieſer gefeierte Dichter werde von der Nachwelt der
Realiſt, dieſer arme Mediciner der Idealiſt genannt

---

[1] Aus Herder's Nachlaß. Herausgegeben von Dünzer
und F. G. v. Herder. Frankf. a. M. 1857. II. S. 343. Vergl.
Herder's Urtheil. Ebend. III. S. 403. „Göthe liebe ich wie
meine Seele“ und Heinſe's Sämmtl. Werke, herausgeg. von
H. Laube. Leipzig 1838. Bd. VIII. S. 118 u. 120. „Ich
kenne keinen Menſchen aus der ganzen gelehrten Geſchichte, der
in ſolcher Jugend ſo rund und voll von eigenem Genie geweſen
wäre wie er. Da iſt kein Widerſtand; er reißt Alles mit
ſich fort.“

werden, und beide werden dereinst im Leben mit und
durch einander, im Ehrentempel der Nation neben einander ihren Platz einnehmen. Sie schieden, ohne
sich gesprochen zu haben. Eine Erregung war die
Begegnung nur für den, der zurückblieb.

Gewiß war sie eine anhaltende, denn wenige
Wochen später wurde Göthe's Clavigo zur Auffüh-
rung gebracht und Schiller selbst versuchte sich in
der Titelrolle. Mußte sein Blut nicht in Wallung
gerathen? In dem Geheimniß sorglich bewachter
Nächte wuchs Akt um Akt jenes flammenreiche Werk
heran, das er so lange vorbereitet und das bald
nachher bei seinem ersten Erscheinen alle Leidenschaften
des Volkes entzündete. Aber noch lag eine schwere
Zeit des Zwanges dazwischen: das Fachstudium
mußte vollendet werden. Es war wie eine Mauer
um den Dichterjüngling herumgebaut. Ja, in der
That, er empfand es wie eine Mauer, und überall
brach er Löcher hinein, um der freien Luft Zutritt,
um dem frischen Gewächs von draußen Eingang zu
verschaffen. Man setzte ihn an das Krankenbett,
aber es war ein Hypochonder, den man seiner Sorgfalt übergab, und nichts hinderte ihn, seine Tages-
berichte mit Betrachtungen über das Geistesleben des

„unheimreichen Mannes" zu füllen. Er grübelte
über dem Problem von dem genauen Bande zwischen
Körper und Seele, er stellte sich die Frage, wie der
Geist sich aus der Sinnlichkeit entwickele und, seinen
Ausgang verleugnend, zur Sittlichkeit fortschreite,
und als er endlich dahin kam, seine Disser=
tation zu schreiben, da war die Medicin bei ihm
schon so im Sinken, daß sich in seiner Schrift phy=
siologisches Wissen, philosophische Speculation und
dichterisches Anschauen in völlig untrennbarer In=
nigkeit durchdrangen. Der Humor, der darin
liegt, daß jemand auf eine solche Dissertation hin,
auf eine Dissertation, in der das Leben Moor's als
eine englische Tragödie mit dem Anscheine des höch=
sten Ernstes und der größten Wahrhaftigkeit citirt
wird[1]), zum Regimentsmedicus gemacht werden konnte,
wird nur durch den übertroffen, daß Schiller in
seiner anonymen Selbstkritik der Räuber von dem
Verfasser der letzteren aussagt: „er soll ebenso starke
Dosen in Emeticis als in Aestheticis geben und ich
möchte ihm lieber zehn Pferde, als meine Frau zur

---

1) Außer diesem Citat finden sich nur noch Ferguson's
Moralphilosophie, Schlözer's Universal = Historie und
Muzell's medicinische und chirurgische Wahrnehmungen
aufgeführt.

Cur übergeben." Die Brodwissenschaft konnte dem Re=
gimentsmedicus nichts bieten. Heimlich entfloh er dem
wüsten Leben der Garnison. Aber schwere Tage
kamen über ihn, und vier Jahre nachher, 1784, als
alle Zeichen sich trügerisch erwiesen hatten, da stieg
wieder der Gedanke in dem Dichter von Kabale und
Liebe, von Fiesco auf, nach Heidelberg zu gehen und
das Versäumte in seinem Fache nachzuholen. „Lange
schon", so schreibt er, „zog mich mein eigenes Herz
zur Medicin zurück"[1]). Er täuschte sich; es war
nicht sein Herz, und welches Glück für ihn, daß
auch dieser Wunsch ihm fehlschlug. Er war nicht
dazu angelegt, ein „großes Subjectum" in den Na=
turwissenschaften zu werden, und als endlich nach
langen Irrfahrten auch ihm die segensreiche Hand
Carl August's einen Freihafen in Jena eröffnete,
da ward der ernsteste Gegenstand seines Forschens
die Philosophie. —

Ob Göthe jemals an seine erste Begegnung mit
Schiller erinnert worden ist, erhellt aus keiner uns
erhaltenen Notiz. Für ihn mochte wohl der Ein=
druck ein sehr vorübergehender gewesen sein. Denn
er stand an einem großen Wendepunkte seiner eigenen

---

[1]) Hoffmeister. I. S. 232.

inneren Geschichte. Die Reise, welche er eben mit
seinem Herzoge durch einen Theil von Deutschland
und der Schweiz unternommen hatte, war für ihn
Epoche machend. Nicht in dem Sinne, wie der
große Haufe sie nahm. Denn Wieland schreibt
darüber an Merck[1]): „Das Publikum ist dieser an
sich selbst so simpeln und natürlichen Excursion hal=
ber unglaublich intriguirt und das **Odium Vati-
nianum** fast aller hiesigen Menschen gegen unsern
Mann, der im Grunde doch keiner Seele Leides ge=
than hat, ist, seitdem er Geh. Rath heißt, auf eine
Höhe gestiegen, die nahe an die stille Wuth grenzt."
Göthe nahm bekanntlich seine Standeserhöhung sehr
gleichgültig auf, aber nicht so die ernsten Pflichten,
welche ihm damit zufielen. Die „so simple und
natürliche Excursion" bedeutete für ihn so viel als
eine Abschiedsreise aus dem Lande seiner unruhigen
und ziellosen Jugend. Mit zarter Hand löste er die
alten Bande. Noch einmal — zum allerletztenmal
hatte er in der stillen Laube zu Sesenheim gesessen,
Hand in Hand mit Friederike; das Herz, das ihm
bis in den Tod treu blieb, hatte ihm verziehen. Er

---

1) Briefe an Joh. Heinr. Merck. Herausgegeben von
Wagner. Darmst. 1835. S. 179. vgl. das Urtheil der
Frau von La Roche. S. 187.

hatte Lili wiedergesehen als glückliche Mutter im
Schooße ihrer Familie. Zum zweiten Male hatte
er die Alpen durchwandert, aber nicht mehr als der
übermüthige Junker Berlichingen, wie ihn Herders
Braut genannt hatte[1]). Das Alles war nun abge=
than, und als sie endlich im Januar 1780 wieder
in Weimar eintrafen, da fand ihn Wieland gänzlich
verändert[2]), ja er nahm in Göthe's öffentlichem
Benehmen eine σωφροσύνην (weise Mäßigung)
wahr, welche die Gemüther nach und nach beru=
higte[3]). Die Geschäfte treten in den Vordergrund;
der Herr Kammerpräsident geht ernsthafter als zuvor
an Bergbau, Forstwirthschaft und andere Verwaltungs=
zweige, welche den Wohlstand des Bürgers mehren
und zugleich den Säckel des Staates füllen, aber er
findet, daß man dazu Mineralogie, Botanik und viele
andere Dinge verstehen müsse. Seine Briefe zeigen
ihn begeistert von der Lektüre von Buffon's Epochen
der Natur[4]). Er tritt der Natur näher und näher.

---

[1]) Aus Herder's Nachlaß. III. S. 485 u. 489.

[2]) Briefe an Merck. S. 208. multum mutatus ab illo.

[3]) Ebendaselbst S. 235.

[4]) Ebend. S. 229 (aus dem Jahre 1780). Man vergl. über
diese Periode die Darstellung von Oscar Schmidt (Göthe's
Verhältniß zu den organischen Naturwissenschaften. Berl. 1853.
S. 4), sowie Göthe selbst (Sämmtl. Werke. 1840. Bd. 36 S. 68.)

Aber noch ist die Natur für ihn eine Art von Per=
sönlichkeit. „Gedacht hat sie und sinnt beständig",
so sagt er in seinen ältesten Aphorismen über die
Natur aus dem Jahre 1780[1]), „aber nicht als ein
Mensch, sondern als Natur. Sie hat sich einen
eigenen allumfassenden Sinn vorbehalten, den ihr
niemand abmerken kann." Sonderbare Natur!
Aber Göthe läßt uns tiefer in ihr Wesen hinein=
blicken. „Sie hat," sagt er, „keine Sprache noch
Rede, aber sie schafft Zungen und Herzen, durch
die sie fühlt und spricht. Ihre Krone ist die Liebe.
Nur durch sie kommt man ihr nahe. Sie macht
Klüfte zwischen allen Wesen, und alles will sich
verschlingen. Sie hat Alles isolirt, um alles zu=
sammenzuziehen. Durch ein Paar Züge aus dem
Becher der Liebe hält sie für ein Leben voll Mühe
schadlos."

O, gewiß war es eine süße Art der Naturfor=
schung, wo Charlotte von Stein den Becher der
Liebe kredenzte! Manches Jahr ging dahin in Hof=
fen und Sehnen, in Bringen und Empfangen, in

---

[1]) Göthe's sämmtl. Werke. 1840. Bd. 40 S. 385 folg.
Carus (Göthe S. 175) erwähnt, daß ihm, wie Alex. von
Humboldt, dieses Document als eines der wichtigsten er=
scheine.

beglücktem Genuß und düsterer Verzweiflung. Man=
ches Jahr lang wanderten an sie alle Gedanken,
richteten sich an sie alle Empfindungen. Wie von
der Schweizerreise, so sammelten sich bei ihr die
Briefe von der italienischen Reise. Aber es kam
die Zeit, wo die Natur nicht mehr dachte und nicht
mehr sann, wo sie nicht mehr durch das Herz sprach,
die Zeit der Beobachtung und Forschung, der Zer=
gliederung und Analyse. In Italien war es, wo
sich diese Metamorphose vollendete, und als er heim=
kehrte, stolzer fast auf die Entdeckung der Urpflanze
und der daran sich knüpfenden Gesetze der Morpho=
logie überhaupt, als auf die Vollendung von Egmont
und Iphigenie, da wandte sich sein frohlockender Ge=
sang bald nicht mehr an die stolze Freifrau, sondern
an das arme Mädchen, das seinem Hause endlich
die Ruhe gab.

Jetzt spricht die Natur nicht durch den Mund
der Liebe, sondern die Liebe erschließt sich selbst als
Höchstes aus dem Entwickelungsgange, aus der Me=
tamorphosenreihe der Natur. Der Geliebte wird der
Lehrmeister der Geliebten.

Wende nun, o Geliebte, den Blick zum bunten Gewimmel,
    Das verwirrend nicht mehr sich vor dem Geiste bewegt.
Jede Pflanze verkündet dir nun die ew'gen Gesetze,
    Jede Blume, sie spricht lauter und lauter mit dir.

Aber entzifferst du hier der Göttin heilige Lettern,
 Ueberall siehst du sie dann, auch in verändertem Zug.
Kriechend zaudre die Raupe, der Schmetterling eile geschäftig,
 Bildsam ändre der Mensch selbst die bestimmte Gestalt!
O, gedenke dann auch, wie aus dem Keim der Bekanntschaft
 Nach und nach in uns holde Gewohnheit entsproß,
Freundschaft sich mit Macht in unserm Innern enthüllte,
 Und wie Amor zuletzt Blüthen und Früchte erzeugt.

Siehe da, Göthe mit allen Elementen seiner
Stärke und — seiner Schwäche! Aus dem Keime
der Bekanntschaft erwächst die Raupe der Gewohn=
heit, und aus der Puppe der Freundschaft bricht ur=
plötzlich der schöne Schmetterling Amor hervor.
Alles vereinigt sich in dem Bilde, Natur und Geist,
Kunst und Alterthum, aber — es ist nur ein Bild.
In der Vorstellung des Dichters vergeistigt sich die
Natur; ihre Gesetze schaut der entzückte Seher wieder
in dem innerlichsten Geschehen des geistigen Lebens;
die materielle Substanz wird zum Symbol der
Empfindung. Das ist das unveräußerliche Recht des
Künstlers. Aber wird nicht auch der Naturforscher
berührt werden von der Gluth des Dichters? wird
das empfindende Subject in der Wärme seiner wech=
selnden Empfindung auch das unveräußerliche Recht
des empfundenen Objectes anerkennen? wird der
Schmetterling nicht davon flattern, gereizt von der
Süßigkeit auch anderer Blumen, die auch für ihn

Nektar kredenzen? O, wir wissen es Alle, der
Dichter war und blieb — ein Dichter; er sog Nek=
tar an mancher Blume, und er hat keine andere
Rechtfertigung, als daß es eben seiner Natur ge=
mäß war.

Diesen Gedanken spricht er selbst an einer Stelle
aus, wo man es ihm nachfühlt, welche bitteren Fra=
gen der Erinnerung er damit beantwortet. Da er
als alter Mann das Gedächtniß seiner rosigen Ju=
gend in sich erneuerte, einer Jugend, die nach so
langer Zeit als Wahrheit und Dichtung vor ihm
auftauchte, da trat, inmitten der wonnigen Bilder
von Sesenheim, die trübe Erinnerung[1]) des verlassenen
Mädchens an das Herz des Greises. Sein Griffel
stockt, und bevor er fortfährt, das süße Spiel ihrer
Herzen zu schildern, schiebt er eine längere Betrach=
tung ein, scheinbar an einen ganz anderen Gegenstand
geknüpft, in der er sagt: „Der Mensch mag seine
höhere Bestimmung auf Erden oder im Himmel, in

---

[1]) Es war noch in den schönen Tagen von Sesenheim
selbst, wo er einmal an Salzmann schrieb: „Die Kleine
fährt fort traurig krank zu sein und das giebt dem Ganzen
ein schiefes Ansehen. Nicht gerechnet conscia mens und lei=
der nicht recti, die mit mir herumgeht." (Stöber. Der Actuar
Salzmann. S. 44.)

der Gegenwart oder in der Zukunft suchen, so bleibt
er deshalb doch innerlich einem ewigen Schwanken,
von außen einer immer störenden Einwirfung ausge=
setzt, bis er ein für allemal den Entschluß faßt, zu
erflären, das rechte seh das, was ihm ge=
mäß ist."[1]

Wohl ist das das Rechte, aber sowohl die sitt=
liche Welt, als auch die Natur fordert billig, daß
jeder Einzelne auch das Recht des Andern anerkenne,
daß das Subject auch das Object behandele, wie
es demselben gemäß ist, und daß es in der Wirflich=
feit anders sei, als in der Dichtung und auch in
der religiösen Dichtung, wo der mhstische Chor
singen darf:

Alles Vergängliche
Ist nur ein Gleichniß.

Der Gedanke von der fortschreitenden Metamor=
phose eines Unvollfommenen zu einem Vollfommene=
ren hat gleiche Gültigfeit für die sinnliche und für
die außersinnliche Erscheinung, aber er verliert seinen
objectiven Werth, er wird rein symbolisch, wenn wir
ihn willfürlich, ohne genaueste Ergründung des Ein=
zelnen, von einem zum andern übertragen.

---

[1] Sämmtliche Werfe. Bd. 22 S. 18.

Eines Tages war Eckermann allein mit Göthe. Der 79jährige Dichter erzählte ihm, daß er nach Beendigung der „Wanderjahre" sich wieder zur Botanik wenden werde. „Nur fürchte ich," sagte er, „daß es mich wieder ins Weite führt, und daß es zuletzt abermals ein Alp wird. Große Geheimnisse liegen noch verborgen, manches weiß ich, von vielem habe ich eine Ahnung. Etwas will ich Ihnen vertrauen und mich wunderlich ausdrücken. Die Pflanze geht von Knoten zu Knoten, und schließt zuletzt ab mit der Blüthe und dem Samen. In der Thierwelt ist es nicht anders. Die Raupe, der Bandwurm geht von Knoten zu Knoten und bildet zuletzt einen Kopf; bei den höher stehenden Thieren und Menschen sind es die Wirbelknochen, die sich anfügen und anfügen, und mit dem Kopf abschließen, in welchem sich die Kräfte concentriren. Was so bei Einzelnen geschieht, geschieht auch bei ganzen Corporationen. Die Bienen, auch eine Reihe von Einzelheiten, die sich aneinander schließen, bringen als Gesammtheit etwas hervor, das auch den Schluß macht, und als Kopf des Ganzen anzusehen ist, die Bienen-Königin. Wie dieses geschieht, ist geheimnißvoll, schwer auszusprechen, aber ich könnte sagen, daß ich darüber meine Gedanken habe. So

bringt ein Volk seine Helden hervor, die,
gleich Halbgöttern, zu Schutz und Heil an
der Spitze stehen."[1])

Es war nicht mehr Amor, der die lange Reihe
der Metamorphosen abschloß; der ergraute Dichter
begnügte sich mit dem vielleicht ebenso heißblütigen,
aber doch mit kühlerer Verehrung anzuschauenden
Geschlechte der „Halbgöttern gleichen" Helden. Sie
stehen an der Spitze des Volkes, wie der Kopf des
Bandwurms die lange Reihe der Glieder abschließt.
Ist das nicht ein Gleichniß, so kühn wie das des
Vaters Homeros[2]), wenn er die unruhig umherge-
wälzten Gedanken des Odysseus vor der Freiertöd-
tung mit einer Bratwurst vergleicht, die im Feuer
hin und her geschoben wird? Der Kopf des Bandwurms ist eher da, als die Glieder, und er läßt
sich nicht einmal mit dem Kopfe des Menschen vergleichen, viel weniger mit dem Haupte eines Volkes.
Auch hat der Kopf eines Thieres nichts gemein mit
der Blüthe und dem Samen der Pflanze.

---

[1]) Eckermann's Gespräche mit Göthe. Leipz. 1837. II.
S. 65. Vgl. Riemer, Briefe an und von Göthe. 1846.
S. 298.

[2]) Odyss. lib. XX. 25 — 28.

Sehr richtig bemerkt daher Eckermann ein anderes
Mal, wo er eine Zusammenkunft Göthe's mit d'Al=
ten schildert: „Göthe, der in seinen Bestrebungen,
die Natur zu ergründen, gern das All umfassen
möchte, steht gleichwohl gegen jeden einzelnen Natur=
forscher von Bedeutung, der ein ganzes Leben einer
speciellen Richtung widmet, im Nachtheil. Bei diesem
findet sich die Beherrschung eines Reiches unendlichen
Details, während Göthe mehr in der Anschauung
allgemeiner großer Gesetze lebt"[1]. Wir wissen, daß
Göthe selbst diesen Nachtheil fühlte, und daß er dank=
bar jede Anregung aufnahm, welche ihm von bedeu=
tenden Naturforschern zukam.

> Selbst erfinden ist schön; doch glücklich von Andren
> Gefundnes
> Fröhlich erkannt und geschätzt, nennst du das weniger
> dein?
>
> (Vier Jahreszeiten. Herbst. 46.)

Wie schön ist es, was er von Alexander von Hum=
boldt sagt: „Wohin man rührt, er ist überall zu
Hause und überschüttet uns mit geistigen Schätzen.
Er gleicht einem Brunnen mit vielen Röhren, wo
man überall nur Gefäße unterzuhalten braucht und
wo es uns immer erquicklich und unerschöpflich ent=

---

[1] Eckermann's Gespräche. Magdeb. 1848. III. S. 83.

gegenströmt"[1]). Aber wie viel Quellen strömten auch
diesem Brunnen zu! Humboldt hatte das seltene
Glück erlebt, gerade in jene Zeit gesetzt zu sein, wo
das große Gebiet der Natur fast an allen Orten an-
gegriffen und erobert wurde; Göthe hatte die Hälfte
seines Lebens überschritten, als die Wissenschaft von
der Natur eine Wissenschaft wurde, und manche Kenntniß, die nachher auf der Straße zu finden war, hatte
er als Autodidakt mühsam erworben. Er war mit
unter den Angreifern und Eroberern, aber als nun
der neue Staat in geregelte Verwaltung kam, da
wuchsen ihm die Provincialbehörden über den Kopf.
Fünfzig Jahre hatte er sich mit Mineralogie und
Geologie beschäftigt, und das Zeugniß eines Mannes,
wie Carl von Raumer[2]), genügt, daß er es ernst-
haft damit gemeint hatte, und doch wußte er sich zuletzt so wenig in die fortschreitende Kenntniß der Erd-
bildung zu finden, daß er, ganz gegen seine sonstige
Milde, in die unwilligen Worte ausbrach: „die Sache
mag sein, wie sie will, so muß geschrieben stehen: daß
ich diese vermaledeite Polterkammer der neuen Welt-

---

[1]) Ebendas. I. S. 260.

[2]) Carl von Raumer Kreuzzüge. Stuttg. 1840. I.
S. 70 (Göthe als Naturforscher).

schöpfung verfluche"[1]). In der Meteorologie, welche
einen Mann besonders anziehen mußte, der so viel
auf Reisen war, der die Frische des jungen Morgens
so gern im Freien genoß, der die künstlerische Be=
trachtung der Landschaft und des Himmels so vorwiegend
auf wirkliche Gesetze des Naturwaltens begründete, —
in der Meteorologie erlebte er den großen Umschwung
der Wissenschaft nicht mehr, der auch seine Hypothesen
mit zu Boden riß. In der Optik, dieser liebsten
Gefährtin seiner Mußestunden, gelang es ihm nie, mit
der „Gilde" in ein Einverständniß zu kommen, ob=
wohl er unzählige Versuche und die wundervollsten
Beobachtungen über die physiologische Seite des Sehens
gemacht hatte; es gelang ihm nicht, weil die Be=
handlung der Optik seit Newton mathematisch gewor=
den war[2]). Er fühlte sich später selbst veranlaßt, sich
gegen den Vorwurf zu vertheidigen, als „sei er ein
Widersacher, ein Feind der Mathematik" und er ver=

---

[1]) Sämmtliche Werke. Bd. 40. S. 296. Vergl. Ecker=
mann. I. S. 336.

[2]) Ebendaselbst. Bd. 37. S. XVIII. u. S. 10. Bd. 39. S. 454.
„Mit Astronomie habe ich mich nie beschäftigt, weil man hier
schon zu Instrumenten, Berechnungen und Mechanik seine Zu=
flucht nehmen muß, die ein eigenes Leben erfordern und nicht
meine Sache waren." Eckermann. I. S. 338. Vergl. Beilage L.

sicherte, daß sie „niemand höher schätzen könne als er, da sie gerade das leiste, was ihm zu bewirken völlig versagt worden"[1]). „Ich ehre", sagt er ein anderes Mal, „die Mathematik als die erhabenste und nütz= lichste Wissenschaft, so lange man sie da anwendet, wo sie am Platze ist; allein ich kann nicht loben, daß man sie bei Dingen mißbrauchen will, die gar nicht in ihrem Bereiche liegen, und wo die edle Wissen= schaft sogleich als Unsinn erscheint. Und als ob etwas nur dann existirte, wenn es sich mathematisch bewei= sen läßt. Es wäre doch thöricht, wenn jemand nicht an die Liebe seines Mädchens glauben wollte, weil sie ihm solche nicht mathematisch beweisen kann!"[2]) Amor ist sein Schild auch gegen die Mathema= tiker. Und mit Recht wendet er sich an ihn. Denn nur im Gebiete des Organischen, des wirklich Leben= digen ist er sicher, daß ihm Erscheinungen begegnen werden, welche der menschlichen verwandt sind. Nur hier erlebt er es, daß trotz vieler Widersacher, trotz mancher widerwärtigen Prioritätsstreitigkeit nicht bloß Laien, sondern die besten Forscher sein Verdienst an=

---

[1]) Sämmtliche Werke. Bd. 40. S. 468.
[2]) Eckermann. I. S. 266. Vergl. S. 239 den Grund, warum er sich nicht mit Astronomie beschäftigt.

erkennen¹). Nur hier knüpft sich die Ahnung des Göttlichen unmittelbar an die sinnliche Anschauung²).

Trotzdem sind die langjährigen Forschungen über Licht und Farbe, über Gewölk und Gebirge keine verlorene Arbeit³). War ihre Methode nicht vollkom-

---

¹) Sämmtliche Werke. Bd. 40. S. 6.

²) „Ohne meine Bemühungen in den Naturwissenschaften hätte ich die Menschen nie kennen gelernt, wie sie sind. In allen anderen Dingen kann man dem reinen Anschauen und Denken, den Irrthümern der Sinne wie des Verstandes, den Charakter-Schwächen und Stärken nicht so nachkommen; es ist alles mehr oder weniger biegsam und schwankend, und läßt alles mehr oder weniger mit sich handeln; aber die Natur versteht gar keinen Spaß, sie ist immer wahr, immer ernst, immer strenge; sie hat immer Recht, und die Fehler und Irrthümer sind immer des Menschen. Den Unzulänglichen verschmäht sie, und nur dem Zulänglichen, Wahren und Reinen ergiebt sie sich und offenbart ihm ihre Geheimnisse. Der Verstand reicht zu ihr nicht hinauf, der Mensch muß fähig sein, sich zur höchsten Vernunft erheben zu können, um an die Gottheit zu rühren, die sich in Urphänomenen, physischen wie sittlichen, offenbart, hinter denen sie sich hält und die von ihr ausgehen. Die Gottheit aber ist wirksam im Lebendigen, aber nicht im Todten; sie ist im Werdenden, aber nicht im Gewordenen und Erstarrten. Deßhalb hat auch die Vernunft in ihrer Tendenz zum Göttlichen es nur mit dem Werdenden, Lebendigen zu thun; der Verstand mit dem Gewordenen, Erstarrten, daß er es nutze." Eckermann. II. S. 68.

³) Göthe selbst sagte: „Es gereut mich auch keinesweges, obgleich ich die Mühe eines halben Lebens hineingesteckt habe.

men, so war sie doch eine streng beobachtende und experimentirende, und selbst da, wo ihr, wie in der Optik die allgemeine Zustimmung fehlte, gewann sie doch den entschiedensten Einfluß auf die Entwicklung der Physiologie, wie Johannes Müller[1]) mehr als einmal dankbarst anerkannt hat.

Aber weit größer war der Gewinn für den Dichter selbst. Denn auch für ihn kamen Zeiten, wo weder die Geschäfte des Amtes, noch die süße Gewohnheit des Dichtens seiner Stimmung entsprachen, Zeiten, wo die schöpferische Kraft gebunden war durch innere Sorge, durch zwiespältiges Streben des Gemüthes. Da bedurfte es der freien Hingabe an ein Aeußerliches, Objectives, und der Adel seines Wesens bekundet sich, da er die Beruhigung in der Hingabe an das Ewig Schöne und an das Ewig Wahre fand. „Hätte ich in der bildenden Kunst und in den Naturstudien kein Fundament gehabt, so hätte ich mich in der schlechten Zeit und deren täglichen Einwirkungen auch schwerlich oben gehalten; aber das hat mich ge-

---

Ich hätte vielleicht ein halb Dutzend Trauerspiele mehr geschrieben, das ist alles, dazu werden sich noch Leute genug nach mir finden." Eckermann. I. S. 336.

[1]) Johannes Müller. Eine Gedächtnißrede von Rud. Virchow. Berlin 1858. S. 20. 9. 16; sowie Beilage I. u. II.

schützt, sowie ich auch Schillern von dieser Seite
zu Hülfe kam"[1]). Die schlechteste Zeit aber war die
Zeit der französischen Revolution und des Bruches
mit Charlotte von Stein. Das Studium der Kunst
und der Natur half über Alles hinweg; die Versöh=
nung kam von selbst, wie neue Gedanken, neue An=
schauungen den Geist erfüllten, und als sie gesichert
waren, da strömte auch der Quell der Dichtung
wieder über. Denn leicht und gern verkündete die
Lippe des Sängers, wessen das Herz voll und wessen
der Geist sicher war, und was sie verkündete, das
trug die Gewißheit innerer Wahrheit an sich.

"Ich habe", sagt er, "niemals die Natur poeti=
scher Zwecke wegen betrachtet. Aber weil mein frü=
heres Landschaftszeichnen und dann mein späteres
Naturforschen mich zu einem beständigen genauen An=
sehen der natürlichen Gegenstände trieb, so habe ich
die Natur bis in ihre kleinsten Details nach und nach
auswendig gelernt, dergestalt, daß, wenn ich als Poet
etwas brauche, es mir zu Gebote steht und ich nicht
leicht gegen die Wahrheit fehle"[2]). Wer erkennt das

---

[1]) Eckermann. II. S. 90.

[2]) Eckermann. I. S. 305. (Göthe fährt fort: „In Schil=
lern lag dieses Naturbetrachten nicht" und erzählt dann die Ent=
stehungsgeschichte des Tell.)

nicht in seinen unübertroffenen Reisebriefen, schon in den schweizerischen, welche der entzückte Wieland ein wahres Poem nannte, das ihm in seiner Art so lieb sei als Xenophon's Anabasis![1]) Wer empfindet es nicht in seinen unvergleichlichen Dichtungen, daß die Natur für ihn aufgehört hatte, etwas Aeußeres zu sein; voll nahm er sie in sich auf, wie einen Theil seines Wesens, und voll, nur verklärt, vergeistigt, erstand sie wieder in seinen Liedern. Wohl mochte er von sich sagen, er habe empfangen

Aus Morgenduft gewebt und Sonnenklarheit
Der Dichtung Schleier aus der Hand der Wahrheit.

(Zueignung. Bd. 1. S. 4.)

In ihm wurde Natur und Kunst Eins; hier gab es nicht Vorbild und Nachbildung; hier löste sich der Gegensatz zwischen Welt und Geist in der höchsten ästhetischen Entwickelung des Genies. Das ästhetische Ideal verkörperte sich in dem vollkommensten Realismus.

Wohl hat der kleinliche Neid es nicht verschmäht, dem Genie seine Begabung, die Ursprünglichkeit, die Naivetät seiner Natur zum Vorwurfe zu machen.

---

[1]) Merck's Briefwechsel. S. 235—36.

Menschliche Mißgunst begleitet den Liebling der Götter, dem nicht bloß die Pracht der Glieder, die
vollendete Schönheit des Leibes, die Tiefe der Empfindung, die Allgewalt des Gedankens als ein Ge-
burtsvorrecht geschenkt waren, sondern dem gütige
Mächte auch die Sorge des gemeinen Lebens erspar-
ten, der wie ein Gleicher unter den Großen und
Fürsten der Erde wandeln durfte[1]). Was er war
und leistete, ist es sein Verdienst gewesen? Die
Thoren! Haben die Griechen geforscht, ob Schönheit,
Geist und Glück darum weniger bewundernswürdig
sind, weil sie geschenkt und nicht verdient sind? Hat
die Nation kein Recht, stolz, keine Pflicht, dankbar zu
sein, daß ihr das Vorrecht geschenkt ward, aus
ihrer Mitte einen Dichter hervorgehen zu sehen, dessen
Gleichen keine Zeit gekannt hat?

Aber handelt es sich hier nur um Schenkungen?
Wird ein solcher Mann geboren, wie Aphrodite Ana-
dyomene aus dem Schaum des wogenden Meeres?
Ist es nur dichterische Verstellung, jenes aus dem
tiefsten Grunde des Herzens quellende Lied:

---

[1]) Vergl. Eckermann I. S. 146: „Wäre ich unglücklich
und elend, so würden sie (die Neider) aufhören".

Wer nie sein Brod mit Thränen aß,
Wer nie die kummervollen Nächte
Auf seinem Bette weinend saß,
Der kennt euch nicht, ihr himmlischen Mächte!

O, gewiß nicht! Harte Arbeit, ernster Kampf, sor=
genvoller Fleiß zieren dieses lange, edle Leben, und
wenn es uns hier nicht vergönnt sein kann, ihm
durch alle die Irrsale der Jugend und der Mannheit
nachzugehen, so muß es doch ausgesprochen werden,
daß die erhabene Ruhe seines Alters, die bis zum
Tode ungebrochene Kraft seines Wirkens ein wohl
verdienter Lohn, daß der begeisterte Dankesruf seines
Volkes eine nicht bloß dem Genie, sondern mindestens
ebenso sehr eine dem Verdienst dargebrachte Huldigung
sein müssen. Wir, die Naturforscher, sind vielleicht
mehr in der Lage, scheiden zu können zwischen dem,
was ein gütiges Geschick schenkte und dem, was un=
ermüdete Anstrengung, was planmäßige, auf bestimmte
Ziele unverrückt gerichtete Arbeit erwarben, aber das
ganze Volk kann es sehen, wie die Vollendung des
Dichters Schritt um Schritt mit dieser Arbeit sich
festigt. Welches Bild der Nacheiferung, zu erkennen,
wie dieser Mann, dem die schönsten Segnungen des
Lebens zugefallen waren, von dem Dichterthrone
herabsteigt, um als Staatsmann dem Volke neue
Quellen des Wohlstandes, um als Forscher der Wis=

senschaft neue Wege der Untersuchung aufzudecken!
Und welcher Stolz für uns Naturforscher, welche das
lebende Geschlecht so leicht als die Gegner der geistigen Interessen brandmarkt, sagen zu können, daß
Deutschlands größter Dichter in unserer Wissenschaft
zugleich das Mittel seiner Vollendung und die unver-
siegbare Quelle seiner innern Beruhigung gefunden hat!
1818 schreibt er an Carus: „Das Alter kann kein
höheres Glück empfinden, als daß es sich in die Jugend hineingewachsen fühlt und mit ihr nun fortwächst.
Die Jahre meines Lebens, die ich, der Naturwissenschaft ergeben, einsam zubringen mußte, weil ich mit
dem Augenblicke in Widerwärtigkeit stand, kommen mir
nun höchlich zu Gute, da ich mich jetzt mit der
Gegenwart in Einstimmung fühle, auf einer Alters-
stufe, wo man sonst nur die vergangene Zeit zu loben
pflegt"[1]). 1826 sagt er: „Wenn ich das neueste
Vorschreiten der Naturwissenschaften betrachte, so komm'
ich mir vor wie ein Wanderer, der in der Morgen-
dämmerung gegen Osten ging, das heranwachsende
Licht mit Freuden anschaute und die Erscheinung des
großen Feuerballs mit Sehnsucht erwartete, aber doch
bei dem Hervortreten desselben die Augen wegwenden

---

[1]) C. G. Carus Göthe. Leipzig 1843. S. 5.

mußte, welche den gewünschten gehofften Glanz nicht er-
tragen konnten."[1] Und noch am 15. Juni 1831, kaum
ein Jahr vor seinem Tode, spricht er zu Eckermann:
„Es geht doch nichts über die Freude, die uns das
Studium der Natur gewährt. Ihre Geheimnisse sind
von einer unergründlichen Tiefe, aber es ist uns
Menschen erlaubt und gegeben, immer weitere Blicke
hineinzuthun. Und gerade, daß sie am Ende doch
unergründlich bleibt, hat für uns einen ewigen Reiz,
immer wieder heranzugehen und immer wieder neue
Einblicke und neue Entdeckungen zu versuchen."[2]

Aber die Geschichte des deutschen Geistes hat
noch einen besonderen Grund, diese Vertiefung des
Dichters in die Natur zu preisen. Ich meine die
denkwürdige Vereinigung Göthe's und Schiller's,
welche zunächst daraus hervorging, eine Vereinigung,
welche für beide Dichter, am meisten für Schiller
von dem segensreichsten Erfolge war und welche der
Nation als ein leuchtendes Vorbild der Einigung
nie verloren gehen möge. Denn sehr wahr sagt
Palleske von dieser Vereinigung der beiden Dichter:
„Ihr Bund ist der erste schüchterne Umriß einer
neuen nationalen Gestaltung."[1]

---

[1] Ebend. S. 33 vgl. S. 36 und Eckermann. I. S. 338.
[2] Eckermann. III. S. 356.

Als Schiller sich zuerst dem Weimarischen Kreise näherte, war Göthe auf seiner italienischen Reise abwesend. Voll von Gedanken über die organische Natur, hatte der gepriesene Dichter die Alpen überschritten, der botanische Garten zu Padua hatte alsbald seine Thätigkeit erregt[2]), und nun, je weiter er in dem gebenedeiten Lande, das ihn sich selbst wiedergab, vorschritt, um so klarer enthüllte sich ihm „das Geheimniß der Pflanzenzeugung und Organisation." „Unter diesem Himmel," ruft er entzückt aus, „kann man die schönsten Beobachtungen machen." Aber welcherlei Beobachtungen drängen sich da unter einander! Dinstag den 17. April 1787 schreibt er aus Palermo: „Es ist ein wahres Unglück, wenn man von vielerlei Geistern verfolgt und versucht wird! Heute früh ging ich mit dem festen ruhigen Vorsatz, meine dichterischen Träume fortzusetzen, nach dem öffentlichen Garten, allein, eh' ich mich's versah, erhaschte mich ein anderes Gespenst, das mir schon dieser Tage nachgeschlichen. Die vielen Pflanzen, die ich sonst nur hinter Glasfenstern zu sehen gewohnt war, stehen

---

[1]) Palleske. Schiller's Leben und Werke. Berlin 1859. II. S. 229.

[2]) Sämmtliche Werke. Bd. 36 S. 85.

hier froh und frisch unter freiem Himmel, und indem
sie ihre Bestimmung vollkommen erfüllen, werden sie
uns deutlicher. Im Angesicht so vielerlei neuen und
erneuten Gebildes fiel mir die alte Grille wieder ein:
ob ich nicht unter dieser Schaar die Urpflanze ent=
decken könnte? Eine solche muß es denn doch geben!
Woran würde ich sonst erkennen, daß dieses oder
jenes Gebilde eine Pflanze sei, wenn sie nicht alle
nach Einem Muster gebildet wären?"[1]) Noch traute
er seinen Kräften nicht recht; ja noch war er so un=
klar, daß er die „Urpflanze" als eine wirklich existi=
rende, irgendwo in dem „Weltgarten" versteckte und
nur aufzufindende unter den anderen Pflanzen sich
dachte. Als ob die Natur ihre „Muster" ausar=
beitete und zur Ansicht der Kenner aufbewahrte!
Sehr bald klärten sich die Vorstellungen des Dichters
und schon vier Wochen später konnte er von Neapel
aus berichten, daß er den Hauptpunkt gefunden habe.
Zuversichtlich fügt er schon jetzt hinzu, dasselbe Gesetz
werde sich auf alles übrige Lebendige anwenden lassen.
„Die Urpflanze wird das wunderlichste Geschöpf von
der Welt, um welches mich die Natur selbst beneiden

---

[1]) Ebendaselbst. S. 71 vgl. 288.

soll."[1]) Hier fühlt der Forscher sich gegenüber der Natur als schaffender Geist: die Urpflanze ist sein Geschöpf und nicht der Natur. Sie ist nur ein Bild, aber ein Bild, in welchem sich der Gedanke der Pflanzenorganisation verleiblicht, in welchem das Naturgesetz sichtbar vor das Auge des Sehers tritt. Die Beobachtung lehrt ihn, daß die Pflanze die verschiedenartigsten Gestalten durch Modificationen eines einzigen Organs, des Blattes darstelle. „Dasselbe Organ, welches am Stengel als Blatt sich ausdehnt und eine höchst mannichfaltige Gestalt angenommen hat, zieht sich nun im Kelche zusammen, dehnt sich im Blumenblatte wieder aus, zieht sich in den Geschlechtswerkzeugen zusammen, um sich als Frucht zum letztenmal auszudehnen."[2]) Somit ist die Blattbildung eine Fortpflanzung, welche sich nur dadurch, daß sie sich wiederholt, von der auf einmal geschehenden Fortpflanzung durch Blüthe und Frucht unterscheidet. Und indem er weiterhin folgert, daß eine Pflanze, ja ein Baum, die uns doch als Individuum erscheinen, aus lauter Einzelheiten bestehen, die sich unter einander und dem Ganzen gleich und

---

[1]) Sämmtliche Werke. Bd. 24 S. 5 und gleichlautend S. 71. (Neapel, den 17. Mai 1787.)

[2]) Ebendaselbst. Bd. 36 S. 62.

ähnlich seien[1]), so tritt er unmittelbar an das Geheimniß der organischen Individualität, welches ihm
zu entschleiern nicht vergönnt war, da das Mikros-
kop erst nach ihm die Wunder des Zellenlebens ent-
hüllt hat.

Trotzdem erkannte er, daß diese Auflösung des
scheinbaren Individuums in eine „Versammlung von
mehreren Einzelheiten," wie er sich ausdrückt, in eine
gesellschaftliche Zusammenordnung organischer Ele-
mente, wie wir sagen[2]), nicht etwa bloß den Pflanzen
zukomme, sondern auch für die Thiere, ja für den
Menschen Gültigkeit habe. Kaum nach Rom zurückgekehrt, schreibt er: „Nun hat mich zuletzt das A
und O der uns bekannten Dinge, die menschliche
Figur, angefaßt, und ich sie, und ich sage: Herr,
ich lasse dich nicht, du segnest mich denn, und sollt'
ich mich lahm ringen."[3]) Freilich vergingen Jahre
über dem Ringen, aber endlich segnete ihn der Herr
und sein großes Werk gelang ihm. Er lernte, wie
die Natur gesetzlich zu Werke gehe, um lebendiges
Gebild, als Muster alles künstlichen, hervorzubrin-

---

1) Ebendaselbst. S. 7.

2) Virchow. Die Cellularpathologie. 2te Aufl. Berlin
1859. S. 12.

3) Sämmtliche Werke. Bd. 24 S. 87 u. 198.

gen[1]), und wie selbst das, was uns als Ausnahme
erscheint, in der Regel ist[2]).

Der Himmel Italien's war ihm glückbringend
gewesen. Denn noch ehe er schied, konnte er nach
Hause melden: „Ferner habe ich nebenbei Specula=
tionen über Farben gemacht, welche mir sehr anlie=
gen, weil das der Theil ist, von dem ich bisher am
wenigsten begriff. Ich sehe, daß ich mit einiger
Uebung und anhaltendem Nachdenken auch diesen
schönen Genuß der Weltoberfläche mir werde zueignen
können."[3]) Das war der Anfang seiner optischen
Studien. Es mochte ihm schwer werden, heiteren
Himmel mit düsterem zu vertauschen, und als er in
der Heimath anlangte, da gerieth er fast in Ver=
zweiflung: er vermißte jede Theilnahme, niemand
verstand seine Sprache, ja sein Leiden, seine Klagen
über das Verlorene schienen seine Freunde zu belei=
digen[4]). Erschien es ihm selbst doch bald wie ein
Mährchen, wenn er durch eine seltene Gunst des
Himmels an jene „paradiesischen Augenblicke erinnert"

---

[1]) Ebendaselbst. Bd. 36 S. 92. Vergleiche Bd. 39
S. 442.

[2]) Eckermann. I. S. 176.

[3]) Sämmtliche Werke. Bd. 24 S. 261.

[4]) Ebendaselbst. Bd. 36 S. 92.

wurde, welche ihm in Italien der Verkehr mit der
Natur gewährt hatte[1]). Mit Mühe fand er einen
Verleger für die Pflanzen = Metamorphose, und als
sie erschienen war, da gewann er nicht nur keinen
Beifall, sondern mitleidiges Bedauern, daß ein solches
Talent sich so aus seinem Kreise entfernen könne.
Das Werk, auf dem noch jetzt die wissenschaftliche
Botanik fortbaut[2]), erschien den Zeitgenossen wie
eine Verirrung. Ja, die Gelehrten der nächsten
Nachbarschaft enthielten ihm eine Anerkennung vor,
welche sie sonst mit vollen Händen ausstreuten[3]).

Und wie fand der verstimmte Mann den Zustand
der Literatur in Deutschland bei seiner Rückkehr?
Er sagt es selbst, wie er ihn fand, oder besser, wie
er ihn empfand. Er, der „die reinsten Anschauungen
zu nähren und mitzutheilen suchte, er fand sich zwi=
schen Ardinghello und Franz Moor eingeklemmt!"[4])
Er glaubte all' sein Bemühen völlig verloren zu

---

1) Ebendaselbst. Bd. 36 S. 388.

2) Alex. Braun. Betrachtungen über die Erscheinung der
Verjüngung in der Natur. Leipzig 1851. S. 63.

3) Die Akademie der gemeinnützigen Wissenschaften in Er=
furt ernannte Schiller 1791, Göthe 1811 zu ihrem Mitgliede.
(Denkschrift der Akademie am Seculartage ihrer Gründung
Erfurt 1854. S. CVIII. CXIX.)

4) Sämmtliche Werke. Bd. 27 S. 35.

sehen; die Gegenstände zu welchen, die Art und
Weise wie er sich gebildet hatte, schienen ihm besei-
tigt zu sein. Er zog sich in sich und, wie er es
nennt, in sein wissenschaftliches Beinhaus[1]) zurück, er
lehnte es ab, mit Schiller in ein näheres Verhältniß zu treten, — sein Dichtermund verstummte.

Aber auch Schiller's Muse schwieg. Mit
Don Carlos schien die Dichterlaufbahn geendet. Er
hatte sich der Geschichte und mehr noch der Philosophie zugewendet, theils gedrängt durch seine neue
Stellung als Professor der Geschichte, theils aus
dem inneren Bedürfniß, alte Zweifel seines Geistes
zur Entscheidung zu bringen. Denn in der That
waren sie alt. Als er seine Dissertation schrieb, da
schon legte er die Probleme vor, die ihn so lange
Jahre beschäftigten. Indem er die geistige Entwicklung des Kindes, des Jünglings und Mannes, ja
des ganzen Menschengeschlechtes schildert, wie er sie
in schönerer und vollendeter Gestalt später in den
allbekannten Lehrgedichten, der Glocke, dem Spazir-
gang, ausführte, indem er Beispiele des täglichen
Lebens, der Physiologie und der Pathologie zusammen-
bringt, so beweist er die Abhängigkeit des Geistes von

---

[1]) Ebendaselbst. Bd. 36 S. 251.

dem Körper. Dieser ist der erste Sporn zur Thä=
tigkeit, „Sinnlichkeit die erste Leiter zur Vollkommen=
heit" und „Vollkommenheit ist die Vermischung der
thierischen Natur mit der geistigen."[1] Mit dieser
Vorstellung von der Duplicität der menschlichen Na=
tur wandert er hinaus in das stürmische Leben.
Die beiden Naturen kämpfen mit einander. Wie kann
die Sittlichkeit neben der Sinnlichkeit bestehen? In
der Theosophie des Julius glaubt er die Vermittelung
gefunden zu haben. „Liebe," schreibt er an Raphael,
„ist die Leiter, worauf wir emporklimmen zur Gott=
ähnlichkeit."[2] Aber Raphael bemerkt ihm, daß er
mehr dem Bedürfnisse seines Herzens, mehr seiner
Phantasie folge, als seinem Scharfsinn. Freiheit sei
das Gepräge der göttlichen Schöpfung und die Aufgabe
des edleren Menschen bestehe darin, in seiner Sphäre
selbst Schöpfer zu sein. — Aber mit dieser Schöpfung,
mit der Handlung an sich ist das moralische Ideal
nicht gegeben, denn die Handlung setzt voraus, daß
der Streit zwischen Pflicht und Neigung, zwischen

---

[1] Schiller über den Zusammenhang der thierischen Na=
tur des Menschen mit seiner geistigen, abgedruckt in Fr.
Nasse's Zeitschrift für psychische Aerzte. 1820. S. 256
und 272.

[2] Schiller's Sämmtliche Werke. Stuttg. und Tüb.
1824. Bd. 11 S. 322.

Sittlichkeit und Sinnlichkeit schon entschieden ist.
Was soll entscheiden? wie soll der freie Mensch sich
bestimmen? wie soll die schöpferische Handlung,
und diese war ja für Schiller gleichbedeutend mit
Kunstschöpfung, wie soll sie ihre moralische Auf=
gabe lösen?

Mit dieser Frage kam Schiller an Kant.
Der kategorische Imperativ des Königsberger Philo=
sophen fordert immer und jedesmal das Opfer der
Neigung, die Erfüllung der Pflicht; immer muß der
moralische Gesichtspunkt dem ästhetischen untergeord=
net sein. Schiller macht sich an eine Untersuchung
dieser schwierigen Frage und in seinem berühmten
Aufsatze über Anmuth und Würde empört er sich
gegen die „Härte dieser Moralphilosophie."[1]) Denn
in einer schönen Seele, deren Ausdruck in der Er=
scheinung die Grazie ist, finden sich Sinnlichkeit und
Vernunft, Pflicht und Neigung in Harmonie; hier
besitzt die Natur zugleich Freiheit. Damit näherte
sich Schiller um einen großen Schritt Göthe, aber
dieser fand darin kein Mittel der Versöhnung, denn
noch immer war „die große Mutter (Natur) nicht
als selbständig, lebendig, vom Tiefsten bis zum

---

1) Sämmtliche Werke. Bd. 17 S. 217 u. 223.

Höchsten gesetzlich hervorbringend betrachtet"[1]); noch immer bildete die „schöne Seele" den Ausnahmefall.

Endlich schrieb Schiller die Briefe über die ästhetische Erziehung des Menschen. Aus der Ausnahme entwickelt sich das Gesetz. Das Vorrecht der schönen Seele findet sich der Anlage nach bei jedem Menschen, und es handelt sich nur darum, diese Anlage zu einem wirklichen Vermögen zu entwickeln. Diese höchste aller Schenkungen, diese Schenkung der Menschheit ist der ästhetische Zustand, in welchem sich der sinnliche und der vernünftige Trieb gegenseitig aufheben, beide ihre Nöthigung verlieren und eine Freiheit, eine Selbstbestimmung hervorbringen, welche freilich eine Wirkung der Natur und in ihren Entschließungen an Gesetze gebunden ist, aber doch unbeschränkt erscheint, weil diese Gesetze nicht vorgestellt werden[2]). Eine solche Harmonie der sinnlichen und geistigen Kräfte in dem gemischten Wesen des Menschen herzustellen, ist die Aufgabe der ästhetischen Erziehung, der Erziehung zum Geschmack und zur Schönheit. Und kaum hat Schiller diese Aufgabe erkannt, so wird er wieder Dichter,

---

[1] Göthe's Sämmtliche Werke. Bd. 27 S. 36.

[2] Schiller's Sämmtliche Werke. Bd. 18 S. 102, 105 und 107.

und Göthe schreibt ihm: „Wie uns ein köstlicher,
unserer Natur analoger Trank willig herunterschleicht
und auf der Zunge schon durch gute Stimmung des
Nervensystems seine heilsame Wirkung zeigt, so wa=
ren mir diese Briefe angenehm und wohlthätig, und
wie sollte es anders sein, da ich das, was ich für
Recht seit langer Zeit erkannte, was ich theils lobte,
theils zu loben wünschte, auf eine so zusammenhän=
gende und edle Weise vorgetragen fand?"[1])

Meisterhaft hat Kuno Fischer diese Krise in
wenig Zügen geschildert: „Die geistigen Verwandt=
schaften, die Schiller am Beginn und Ausgange die=
ses philosophischen Zeitraumes eingeht, bezeichnen den
Charakter des letzteren in einer sehr bedeutsamen
Weise. Er steht zuerst unter dem Einflusse eines
Philosophen, des größten, den die neuere Zeit
aufzuweisen hat, dem sie einen völligen Umschwung
ihrer wissenschaftlichen Denkweise verdankt. Schiller
wird von diesem Einflusse nicht schülerhaft abhängig,
aber mächtig ergriffen und angeregt. Und zuletzt ist
es nicht mehr der Philosoph, der ihn anzieht, sondern
ein Dichter, der größte der Welt nach den Alten

---

[1]) Briefwechsel zwischen Schiller und Göthe. 2te Ausgabe.
Stuttgart und Augsburg 1856. I. S. 23 (am 26. October
1794). Vgl. Palleske Schiller. II. S. 230.

und Shakspeare. Jetzt bewundert er von ganzer
Seele diesen Dichter, den er vorher lieber vermieden
als gesucht hat, dem er vorher sich fremd fühlte;
jetzt erst hat er gelernt, ihn zu verstehen und lieben.
Zuerst wäre er beinahe der Schüler jenes Philo=
sophen geworden; zuletzt wird er der Freund dieses
Dichters. Der Philosoph ist Kant, der Dichter ist
Göthe. Und zwischen diesen beiden so verschieden=
artigen Größen, von denen der eine die menschliche
Natur mit kritischem Scharfsinn zerlegt, während
sie der andere in ihrer Lebensfülle dichtet, steht
Schiller in einer beweglichen Mitte: er durch=
mißt den geistigen Zwischenraum, der jene beiden
trennt; er geht, indem er philosophirt, von Kant
zu Göthe."[1])

Dieser Abschluß fällt in den Herbst des Jahres
1794, aber schon in dem Frühjahr hatten sich die
beiden Dichter persönlich gewonnen und gewiß war
dieses Verhältniß nicht ohne Einfluß auf das endliche
Hinausphilosophiren Schiller's aus der Philosophie.
Göthe selbst bezeugt es ausdrücklich, daß er es der
Metamorphose der Pflanzen zu verdanken habe, daß
sich auf einmal, alle seine Wünsche und Hoffnungen

---

[1]) Kuno Fischer. Schiller als Philosoph. Frankf. a. M.
1858. S. 7.

übertreffend, das Verhältniß zu Schiller entwickelte, das er zu den höchsten zählte, die ihm das Glück in späteren Jahren bereitete. Er war nach Jena gekommen und hatte in der dortigen naturforschenden Gesellschaft einen Vortrag des Professors der Botanik, Batsch gehört. Beim Hinausgehen führte ihn der Zufall an die Seite Schiller's, der sich über die zerstückelte Art, in welcher der Vortragende die Natur behandelte, tadelnd ausließ. Göthe erwiderte ihm, daß es in der That eine Weise gebe, die Natur nicht gesondert und vereinzelt vorzunehmen, sondern sie wirkend und lebendig, aus dem Ganzen in die Theile strebend, darzustellen. Das Gespräch wurde lebendiger, Göthe trat mit in Schiller's Haus, um ihm die Metamorphose der Pflanze zu erläutern, er entwarf ihm plastische Schemata, und der Philosoph, der einst in der Anatomie den Preis gewonnen hatte, verstand ihn besser, als die Gelehrten vom Fach. Einen Augenblick schien Alles wieder in Frage gestellt, da Schiller ausrief: „Das ist keine Erfahrung, das ist eine Idee."[1]) In Göthe, der

---

[1]) Wie hatte sich Göthe verändert, als er später seine Forschungen nach dem thierischen Typus schilderte: „Ich trachtete das Urthier zu finden, das heißt denn doch zuletzt: den Begriff, die Idee des Thieres." (Sämmtl. Werke. Bd. 36 S. 14).

ausdrücklich behauptete, er habe für Philosophie im
eigentlichen Sinne kein Organ[1]), begann sich trotz
seiner Anerkennung für Kant[2]) der alte Groll zu
regen. Aber der schlimme Augenblick ging vorüber,
und als sich die beiden Männer trennten, da war
das Siegel von beider Munde genommen und das
entzückte Vaterland durfte wieder den Gedichten seiner
neu zurückgewonnenen, mit edlerer Kraft ausgerüste-
ten Sänger lauschen. Schiller erzeugte jetzt jene
Reihe von Meisterwerken, welche ihn zum größten
dramatischen Dichter unseres Volkes erhoben haben;
Göthe sagt in seiner stillen und ruhigen Weise:
„Für mich insbesondere war es ein neuer Frühling,
in welchem alles froh neben einander keimte und
aus aufgeschlossenen Samen und Zweigen hervorging."[3])

Das ist der Antheil, den die Naturwissenschaft
an der Errichtung der schönsten Säulen deutschen

---

[1]) Sämmtliche Werke. Bd. 40 S. 418.

[2]) Eckermann. I. S. 353. „Die Unterscheidung des
Subjects vom Objecte, und ferner die Ansicht, daß jedes Geschöpf um sein selbst willen existirt und nicht wie der Kork-
baum gewachsen ist, damit wir unsere Flaschen pfropfen können,
dieses hatte Kant mit mir gemein und ich freute mich, ihm
hierin zu begegnen."

[3]) Sämmtliche Werke. Bd. 27 S. 38.

Dichterthums hat. Nicht nur, daß sie den beiden Dichtern jene breite Grundlage der Naturkenntniß, jene Fähigkeit der anatomischen Analyse auch der zusammengesetztesten Erscheinungen des körperlichen und geistigen Lebens gab, sondern sie brachte ihnen auch das Mittel der Einigung. Und diese Einigung ging nicht wieder verloren[1]), trotzdem daß Göthe nachher noch tiefer, als vorher, in das eigentlich anatomische Wesen eindrang. Denn es war ja das Gesetz, welches beide suchten in der Natur, wie in der Kunst, gleichweit abgewendet von der Willkür der Dichterlinge und von der Botsmäßigkeit der Frömmler.

Göthe hat die ächt humanistische Richtung, in der seine Natur angelegt war, mit Bewußtsein ent-

---

[1]) Sämmtliche Werke. Bd. 39 S. 459. An dieser Stelle bezeugt Göthe ausdrücklich, daß Schiller's Einfluß auch später seine Naturbeobachtungen förderte. „Wenn ich manchmal auf meinem beschaulichen Wege zögerte, nöthigte er mich durch seine reflectirende Kraft vorwärts zu eilen und riß mich gleichsam an das Ziel wohin ich strebte." Und wie freundlich ist der Zuspruch Schiller's, wenn er 1796 schreibt (Briefwechsel I. S. 239): „Ich freue mich, wenn Sie mir Ihre neuen Entdeckungen in der Morphologie mittheilen; die poetische Stunde wird schon schlagen." Vergl. Göthe's Werke. Bd. 27 S. 495, wo es von ihnen beiden heißt: „Selten ist es aber, daß Personen gleichsam die Hälften von einander ausmachen, sich nicht abstoßen, sondern sich anschließen und einander ergänzen."

wickelt. 1796 schreibt er an einen Künstler: „Gehen
Sie so genau zu Werke, als es Ihre Natur erheischt,
seien Sie in dem, was Sie nachbilden, so ausführ=
lich, um sich selbst genug zu thun, wählen Sie nach
eigenem Gefühle, wenden Sie die nöthige Zeit auf
und denken Sie immer: daß wir nur eigentlich für
uns selbst arbeiten. Kann das Jemand in der Folge
gefallen oder dienen, so ist es auch gut. Der
Zweck des Lebens ist das Leben selbst. In
diesem Sinne bereit' ich mich auch vor, und wenn
wir nach Innen das Unsrige gethan haben, so wird
sich das nach Außen von selbst geben."[1]) Und sehr
richtig schließt er: „Alle Philosophie über die Natur.
ist doch nur Anthropomorphismus, d. h. der Mensch,
Eines mit sich selbst, theilt Allem, was er nicht ist,
diese Einheit mit, zieht es in die seinige herein,
macht es mit sich selbst eins."[2])

Göthe kehrte zu seinen Studien über verglei=
chende Anatomie zurück, als gegen Ende des Jahres
1795 die Gebrüder Humboldt in Jena erschienen.
Insbesondere war es Alexander, „dessen großer
Rotation in physikalischen und chemischen Dingen er

---

[1]) Riemer. S. 24.
[2]) Ebendaselbst. S. 316.

nicht widerstehen konnte"[1]); durch ihn ward er bestimmt,
sowohl seine Methode der Untersuchung, als auch sein
Grundschema der vergleichenden Knochenlehre zu Pa=
pier zu bringen[2]). Denn dieses sind die wichtigsten
Errungenschaften, welche der Dichter der Wissen=
schaft vom thierischen Leben hinterlassen hat, nicht
jene, freilich viel mehr bekannte, schon 1786 geschrie=
bene Abhandlung über den Zwischenkiefer[3]). Es
beschränken sich diese Untersuchungen wesentlich auf die
Knochen der Säugethiere und einzelne Verhältnisse
der Insekten. Zwar fing er 1796 an, „die Ein=
geweide der Thiere näher zu betrachten," auch Fische
und Würmer zu untersuchen[4]), jedoch kam er hier
zu keinem tieferen Erfolge. Der Knochenbau des
Menschen dagegen erregte anhaltend seine ganze
künstlerische Theilnahme. Schon 1791 schreibt er
an Heinr. Meyer: „auf einen Kanon männlicher
und weiblicher Proportion loszuarbeiten, die Abwei=
chungen zu suchen, wodurch Charaktere entstehen,

---

[1]) Riemer. Briefe von und an Göthe. S. 50. Vergl.
Briefwechsel mit Schiller. I. S. 301.

[2]) Sämmtliche Werke. Bd. 27 S. 41, 62 u. 214. Bd.
36 S. 256.

[3]) Sämmtliche Werke. Bd. 36 S. 223. Ferner Beilage III.

[4]) Briefwechsel mit Schiller. I. S. 234 u. 262.

das anatomische Gebäude näher zu studiren und die
schönen Formen, welche die äußere Vollendung sind,
zu suchen, — dazu habe ich von meiner Seite Man=
ches vorgearbeitet."[1]) Derselbe Gedanke, der ihn bei
der Untersuchung der Pflanzenmetamorphose geleitet
hatte, war auch hier sein Führer: das Ganze aus
der genauesten Erkenntniß des Einzelnen zu begreifen
und das allgemeine Gesetz, den Typus aus den Be=
ziehungen und Gestaltungen dieses Einzelnen während
der Bildung des Ganzen zu erfassen. So ward er,
wenn auch nicht der Erfinder, so doch der selbstän=
dige Mitbegründer jener Methode, welche man die
genetische genannt hat, einer Methode, welche in
ihrer Anwendung auf die Entwicklungsgeschichte schon
vor ihm durch Caspar Friedrich Wolf geübt war[2]),
welche jedoch durch Göthe eine ungeahnte Aus=
dehnung und eine allgemeine Anerkennung erlangt
hat[3]), und welche schon durch ihn sogar auf die Deu=
tung pathologischer Dinge angewendet wurde[4]).

---

1) Riemer. Briefe von und an Göthe. S. 9.

2) Sämmtliche Werke. Bd. 36 S. 105.

3) Siehe Beilage IV.

4) Sämmtliche Werke. Bd. 27 S. 69 u. 320. Bd. 26
S. 92. Bd. 37 S. 46.

Daß ein Mann, der außerhalb der Gilde stand, einen solchen Einfluß in einer Erfahrungswissenschaft, in welche er „als Freiwilliger hineinkam"[1]), gewinnen konnte, ein Mann, den man vielleicht als Laien oder Dilettanten bezeichnen möchte, das könnte leicht den Schein erregen, als sei es dem Genie gestattet, auch das Fernste mit sicherer Hand ohne Mühe zu errei= chen. Es verlohnt sich also wohl die Frage, ob ein solcher Erfolg wirklich mühelos, gleichsam durch Seher= kraft erreicht wurde; es verlohnt sich das um so mehr, als Göthe selbst über seine Anregungen zur Anatomie wenig zusammenhängenden Aufschluß gegeben hat.

Erinnern wir uns zunächst, daß eine andere Zeit in Deutschland war, als jetzt. Wie einst in Italien am Hofe der Medici, so war in der zweiten Hälfte des achtzehnten Jahrhunderts ein offener Sinn für wis= senschaftliche und künstlerische Bestrebungen an manchen Höfen und in der guten Gesellschaft. Der Kurfürst von Mainz und der Landgraf zu Cassel sammelten um sich Naturforscher ersten Ranges, unter denen Georg Forster und Sömmerring vor Allen zu nen= nen sind; selbst der kleine Hof zu Münster konnte der Anatomie nicht entbehren und die fromme Fürstin

---

[1]) Sämmtliche Werke. Bd. 40. S. 15.

Galitzin wendete sich um seltene anatomische Präpa-
rate von Lymphgefäßen, vom Auge u. f. w. an be-
rühmte Anatomen[1]). Nirgends aber fanden solche
Bestrebungen mehr Anerkennung als am Hofe von
Weimar. Die Herzogin Amalie, welche selbst por-
trätirte, bemühte sich sorgfältig, in die Ansichten
Camper's über den menschlichen Kopf einzubringen[2]).
Der Herzogin Louise, deren lebhaftestes Interesse für
die Farbenlehre erwacht war[3]), hat Göthe in dank-
barster Erinnerung sein optisches Werk gewidmet.
Carl August selbst war bis zu seinem Tode ein
Freund der Naturwissenschaften und gewiß giebt es
Weniges, was rührender ist, als die Schilderung,
welche Humboldt von seinen letzten Tagen gegeben
hat. Als er schon sehr schwach war, bedrängte Carl
August den vielerfahrenen Mann mit den schwierig-
sten Fragen über Physik, Astronomie, Meteorologie
und Geognosie, über Durchsichtigkeit der Kometen-
kerne u. f. f. Dann wendeten sich seine Gedanken
auf religiöse Dinge. „Er klagte über den ein-

---

1) Briefe an Sömmerring in S.'s Leben und Verkehr mit
seinen Zeitgenossen von Rud. Wagner. Leipz. 1844. I. S. 75.

2) Merck's Briefwechsel. S. 422.

3) Sämmtliche Werke. Bd. 39. S. 459.

reißenden Pietismus und den Zusammenhang dieser
Schwärmerei mit politischen Tendenzen nach Absolu=
tismus und Niederschlagen aller freien Geistesregun=
gen. Dazu sind es unwahre Bursche, rief er aus,
die sich dadurch den Fürsten angenehm zu machen
glauben, um Stellen und Bänder zu erhalten! Mit
der poetischen Vorliebe zum Mittelalter haben sie
sich eingeschlichen"[1]).

Ein Fürst, der dem Tode nahe so sprechen konnte,
mußte wohl eine starke Stütze im kräftigen Jugend=
und Mannesalter sein. Aber so offenen Blickes wa=
ren nicht bloß die Fürsten und die Großen, sondern
die gebildete Welt im Großen nahm an allen Vor=
gängen der Wissenschaft Antheil. Der Umstand, daß
große Aerzte, wie Tissot, Haller, Unger, Zimmer=
mann durch populäre Schriften auf die allgemeine
Bildung bestimmenden Einfluß gewannen[2]), war von
großer Bedeutung. Göthe selbst hatte in seiner Va=
terstadt eines der glänzendsten Beispiele in Sen=
kenberg, der das noch jetzt blühende Institut mit
Hospital, Museen, botanischem Garten und anatomi=

---

[1]) Eckermann. III. S. 260.
[2]) Sämmtliche Werke. Bd. 21. S. 75; vergl. S. 225.

scher Anstalt gründete[1]). Auf der Universität in
Leipzig gerieth Göthe sofort in medicinische Umgebun=
gen. In dem Schönkopfischen Kreise fand er den
jüngeren Kapp, einen später berühmten Arzt[2]). Sei=
nen Mittagstisch hatte er bei Hofrath Ludwig[3]), einem
medicinischen und botanischen Polyhistor, und „die
Gesellschaft bestand in lauter angehenden oder der
Vollendung näheren Aerzten," so daß er in diesen
Stunden gar kein ander Gespräch, als von Medicin
oder Naturhistorie hörte. Die Namen Haller, Linné,
Buffon wurden mit großer Verehrung häufig genannt.
Auch die Physik ließ er sich (bei Winckler) „wie ein
anderer vortragen und die Experimente vorzeigen"[4]).
Nach Frankfurt krank zurückgekehrt, führte ihn eine
wunderliche Neigung zur Chemie, oder besser gesagt,
zur Alchymie, er ließ sich insbesondere mit dem Com=
pendium des großen Holländers Boerhaave, der Hal=
ler's Lehrer gewesen war, ein und kam so auch auf
die medicinischen Aphorismen desselben[5]), dasjenige

---

[1] Sämmtliche Werke. Bd. 20. S. 90. Bd. 26. S. 287.

[2] O. Jahn Göthe's Briefe an Leipziger Freunde. Leipzig
1849. S. 33.

[3] Sämmtliche Werke. Bd. 21. S. 50. Jahn a. a. O. S. 26.

[4] Ebendaselbst. Bd. 39. S. 445.

[5] Ebendaselbst. Bd. 21. S. 159.

Buch, welches noch lange nachher die Grundlage des
medicinischen Unterrichts in ganz Deutschland gebildet
hat und welches durch die Commentarien eines Mit=
schülers von Haller, van Swieten's, zugleich der Mit=
telpunkt für das gesammte praktisch=medicinische Wissen
der Zeit geworden ist.

So vorbereitet kam Göthe im Frühjahr 1770
nach Straßburg. Die alte Reichsstadt, obwohl da=
mals fast schon seit einem Jahrhundert durch wäl=
schen Verrath und habsburgische Schwäche von Deutsch=
land losgerissen, hatte ihren deutschen Charakter noch
ganz bewahrt, ja der Elsaß bot dem jungen Dichter
einen solchen Schatz treu gehegter Volkslieder, daß
ihre Sammlung mit den Grund gelegt hat zu dem
neuen Aufschwung, welchen diese Art der Dichtung
durch Göthe und seine Freunde, insbesondere bei der
durch ihn hervorgerufenen[1]) romantischen Schule ge=
funden hat.

Straßburg war von jeher ein Hauptsitz deutscher
Bildung. Denn gerade hier näherte sich ja schon
zur Zeit des weströmischen Reiches alte klassische Cul=
tur dem neu aufgeschlossenen Land der Alemannen und
hier ward frühe ein fester Heerd für das Christenthum

---

[1]) Eckermann. II. S. 203.

geschaffen. Schon im zehnten Jahrhundert wird ein Hospital erwähnt[1]). Nach und nach wächst die Zahl der Krankenanstalten und unmittelbar nach der Reformation finden wir hier die ersten wissenschaftlichen Chirurgen Deutschlands, deren Handbücher in zahlreichen Auflagen und Uebersetzungen durch ganz Europa verbreitet wurden. Der Chirurg bedarf aber nothwendig der genauesten Kenntniß der Anatomie und so findet sich seit 1566 eine immer sorgfältiger geleitete anatomische Schule[2]), welche bald so berühmt wurde, daß noch nach der Zeit, von der wir hier reden, die Anatomen in Deutschland von Straßburg verschrieben wurden[3]). Es begreift sich daher leicht, daß auch Göthe's Gesellschaft sich stark aus jungen Medicinern zusammensetzte. Man kennt die Tischgesellschaft aus

---

[1]) Ferd. Walter Corp. juris germanici antiqui. Berol. 1824. T. III. p. 793. Vergl. mein Archiv für pathol. Anatomie und Physiol. 1860. Bd. 19. S. 46.

[2]) Michel Essai sur la chirurgie de Strasbourg. Strasb. 1855. p. 4.

[3]) 1779 schreibt Forster an Sömmerring aus Cassel: „Der Landgraf habe sich sagen lassen, in Straßburg und Frankreich würden die besten Zergliederer gebildet, zu dem Ende habe man sich den Dr. Petri (den niemand in der literarischen Welt kenne) verschrieben." Später sagt er: „Petri oder ein ähnlicher armer Schinder." (Sömmerrings Leben von Wagner. I. S. 122.)

Dichtung und Wahrheit[1]). Der würdige Actuarius
Salzmann, unter dessen Vorsitz man tagte und der
durch seine praktisch-religiöse Richtung einen so nach-
haltigen sittlichen Einfluß auf Göthe geübt hat, stammte
aus einer alten medicinischen Familie, welche der Facultät drei Professoren geliefert hatte[2]), und in der
von ihm gestifteten gelehrten Uebungsgesellschaft fehlte es
nie an Medicinern[3]). Gerade zu Göthe's Zeit bilde-
ten diese unter den Tischgenossen die Mehrzahl. „Diese
sind", sagt er, „die einzigen Studirenden, die sich von
ihrer Wissenschaft, ihrem Metier, auch außer den Lehr-
stunden mit Lebhaftigkeit unterhalten. Es liegt dieses
in der Natur der Sache. Die Gegenstände ihrer Bemühungen sind die sinnlichsten und zugleich die höchsten, die einfachsten und die complicirtesten. Die
Medicin beschäftigt den ganzen Menschen, weil sie sich
mit dem ganzen Menschen beschäftigt. Alles, was
der Jüngling lernt, deutet sogleich auf eine wichtige,

---

[1]) Sämmtliche Werke. Bd. 21. S. 178.

[2]) Aug. Stöber Der Actuar Salzmann. Frankf. a. M.
1855. S. 12. Michel p. 19.

[3]) Stöber gedenkt aus dem Jahre 1763—64 des nachher
so berühmten O. Fr. Müller und aus 1776 des späteren Mar-
burger Professors Michaelis (S. 22. 86).

zwar gefährliche, aber doch in manchem Sinn beloh=
nende Praxis"[1]). An Göthe's Tische saßen Meyer
von Lindau (später Arzt in London), der bei Tische
die Vorträge der Professoren in komischer Weise wie=
derholte, ferner der spöttische Waldberg von Wien
und der Elsäßer Melzer, und bald langte der Sonder=
ling Jung Stilling in Gesellschaft eines älteren Chi=
rurgus an, der seine Kenntnisse wieder auffrischen
wollte[2]). Ein wunderbares Gemisch von Charakteren
und eine sonderbare Unterhaltung muß es gewesen
sein. Göthe saß gegen Stilling über, und „er hatte",
wie letzterer sagt, „die Regierung am Tische, ohne
daß er sie suchte."

Aber so bunt die Tischgesellschaft, so mannichfaltig
waren auch die Interessen, welche in Göthe wachge=
rufen wurden. „Die Jurisprudenz", schreibt er,
„fängt an, mir sehr zu gefallen. So ist's doch mit
allem, wie mit dem Merseburger Bier, das erstemal
schauert man, und hat man's eine Woche getrunken,
so kann man's nicht mehr lassen. Und die Chymie
ist noch immer meine heimliche Geliebte"[3]). Von Jung

---

[1]) Sämmtliche Werke. Bd. 21. S. 180.

[2]) Joh. Heinr. Jung's genannt Stilling Lebensgeschichte.
Stuttgart 1835. S. 270.

[3]) Brief an Fräulein von Klettenberg 26. Aug. 1770 bei

wird berichtet, daß er vorzüglich Göthe veranlaßt
habe, die medicinischen und naturwissenschaftlichen
Vorlesungen zu besuchen[1]). Mit dem zweiten Semester
hörte er Chemie bei Spielmann, Anatomie bei Lobstein[2]), unter dessen Anleitung er später auch die Klinik besuchte und dessen „schöne hippokratische Verfah-
rungsart" ihm endlich auch seinen Abscheu gegen die
Kranken ganz überwinden half[3]). Später ging er
auch in das Klinikum von Ehrmann dem Vater und
in die geburtshülflichen Vorlesungen seines Sohnes[4]).
Am meisten aber wirkte auf ihn Joh. Friedr. Lobstein,
einer der ersten Anatomen und Chirurgen der Zeit,
dessen Ruhm viele Fremde heranlockte. So erschien
auch Herder, um sich von dem Manne, der ein eignes
geschätztes Instrument zur Operation der Thränen-
fistel erfunden hatte[5]), heilen zu lassen. Die Cur zog
sich lange hin, aber sie gab Göthe die Gelegenheit zu

Schöll Briefe und Aufsätze von Göthe aus den Jahren 1766
—86. Weimar 1846. S. 46.

[1]) Stöber a. a. O. S. 122.

[2]) Sämmtliche Werke. Bd. 21. S. 181.

[3]) Ebendaselbst. Bd. 22. S. 4. Vergl. das Urtheil über
Zimmermann Sämmtliche Werke. Bd. 22. S. 257.

[4]) Ebendaselbst. Bd. 21. S. 197.

[5]) Michel. p. 46.

einer innigen Bekanntschaft mit Herder, deſſen milde theologiſche Anſchauung und deſſen weitgreifende Ge= danken über die Entwickelung der Menſchheit ihn noch lange Jahre hindurch vielfach leiteten und beſtimmten[1]). Das von Schöll herausgegebene Tage= oder Notizbuch Göthe's aus dieſer Zeit giebt uns einen Einblick in die mannichfaltigen Anregungen und Beſchäftigungen, die ihm hier zukamen[2]) und die bis in ſeine ſpäteſte Zeit nachwirkten. Die Erzählung von den anatomi= ſchen Studien Wilhelms, welche ſich in dem Schluſſe der Wanderjahre findet, und die Beziehung, in welche dieſe Studien zu der Chirurgie geſetzt werden[3]), hat ganz deutlich die Straßburger Erinnerungen zur Grundlage. Nirgends freilich iſt die Beziehung ſo unmittelbar, als im Fauſt, der nachweisbar aus der Anſchauung des Puppenſpiels in Straßburg hervorging[4]) und der uns den jungen Dichter zeigt, wie er, nachdem er alle

---

[1]) Sämmtliche Werke. Bd. 21. S. 234. 240. Bd. 36. S. 14. Bd. 27. S. 37.

[2]) S. Beilage V.

[3]) Sämmtliche Werke. Bd. 19. S. 18. Die weitere Ent= wickelung der an dieſer Stelle ausgeſprochenen Gedanken findet ſich in einem Schreiben an Beuth über plaſtiſche Anatomie. Sämmtliche Werke. Bd. 32. S. 321.

[4]) Schöll a. a. O. S. 131. Stöber S. 11.

Facultäten durchwandert, wieder zu seiner mystischen
Geliebten, der Alchymie zurückkehrt, um die „Wahl=
verwandtschaften" der Körper, die Symbole, vielleicht
die Träger der Wahlverwandschaften der Geister,
zu schauen[1]).

> Drum hab' ich mich der Magie ergeben.

Man muß diese schönen Tage des Studentenlebens
im Elsaß kennen, wenn man die ganze Innigkeit der
Zueignung verstehen will, welche dem Faust voran=
gestellt ist.

> Gleich einer alten halbverklungnen Sage,
> Kommt erste Lieb' und Freundschaft mit herauf.

Vorüber! vorüber! Aber aus dem Schmerz der Tren=
nung rang sich die wahrhaft physiologische Erkenntniß
los, das Rechte sei das, was uns, unserer Na=
tur, dem Gesetze unseres Wesens gemäß ist[2]).
Aus den Banden der Mystik hob sich frei der Rea=
list, der Humanist empor, und als er 1775 die be=
rühmte Rheinreise mit Basedow und Lavater machte,

> Prophete rechts, Prophete links,
> Das Weltkind in der Mitte,

da war in ihm der ästhetische Zustand für immer

---

[1]) Wegen der Elsässer Beziehungen der Wahlverwandtschaf=
ten. Vgl. Stöber. S. 12.

[2]) „Jeder geht in der aufsteigenden Linie seiner Ausbildung
fort, so wie er angefangen." Eckermann. I. S. 220.

gefunden. Der mystische Züricher Diakonus hat das
Verdienst, ihm, wie später Gall[1]), eine nächste Brücke
zur Fortsetzung seiner Naturstudien geboten zu haben,
denn Göthe ward der eifrigste Mitarbeiter an dem
großen physiognomischen Werke Lavater's, zu dem er
zahlreiche Zeichnungen, besonders von Thierköpfen,
Gedicht und Text geliefert hat[2]). Die Physiognomik führte zur Knochenlehre[3]), nicht bloß zum
Zwischenkiefer, sondern auch zur Wirbeltheorie des
Schädels, und wenn es mir gelungen ist, durch die
genauere Darlegung des Einflusses, welchen die
Wirbelkörper des Schädelgrundes auf die Bildung und
Anordnung der Knochen nicht bloß des Schädels, sondern
auch des Gesichts ausüben, die Ahnungen Lavater's von
der Bedeutung der starren architektonischen Grundlagen
des Knochenbaues für die künstlerische und physiognomische Auffassung zur Klarheit zu entwickeln, so
verdanke ich es wesentlich der Anwendung jener genetischen Methode und der weiteren Entwickelung jener
Wirbeltheorie, die Göthe geschaffen hat[4]).

1) Riemer. Briefe an und von Göthe. S. 300. Die An-
wesenheit des berühmten Phrenologen in Weimar fällt in 1806.

2) Sämmtliche Werke. Bd. 25 S. 195. Vergl. Bd. 22
S. 372. Eckermann. II. S. 70.

3) Siehe Beilage VI.

4) Siehe Beilage VII.

Ich sage geschaffen, denn ich halte die Bedenken, welche der sonst so gerechte Lewes in diesem Punkte gegen die Prioritäts = Ansprüche Göthe's zugelassen hat[1]), und welche die meisten Naturforscher in dieser oder jener Weise theilen, nicht für gerechtfertigt. Weder Peter Frank, noch Oken können das Recht in Anspruch nehmen, die Entdeckung der Wirbeltheorie des Schädels gemacht zu haben[2]). Die Zeit der Entdeckung ist durch den, erst in der neuesten Zeit bekannt gewordenen Briefwechsel Göthe's mit der Familie Herder sicher festgestellt, und alle Anschuldigungen, besonders Oken's, sind dadurch endgültig widerlegt. Unter dem 4. Mai 1790 schreibt Göthe aus Venedig an Herder's Gattin: „Durch einen sonderbar glücklichen Zufall, daß Götze (sein Diener) zum Scherz auf dem Judenkirchhofe ein Stück Thierschädel aufhebt und ein Späßchen macht, als wenn er mir einen Judenkopf präsentirte, bin ich einen großen Schritt in der Erklärung der Thierbildung vorwärts gekommen."[3]) Dies war der zerschlagene Schöpsenkopf, an dem sich augenblicklich der Ursprung des

---

[1]) G. H. Lewes The life and works of Goethe. Leipz. 1858. II. p. 135 sq.

[2]) Siehe Beilage VIII.

[3]) Aus Herder's Nachlaß. I. S. 121.

Schädels aus Wirbelknochen offenbarte und damit das Geheimniß der knöchernen Grundlage des nachmals sogenannten „Wirbelthieres" erschloß[1]).

Pouchet hat geglaubt, diese Epoche machende Entdeckung auf jene wunderbare Faustfigur des 13. Jahrhunderts, Albertus Magnus, der eine Zeit lang Bischof in Regensburg war, zurückführen zu können[2]). Bei der genauesten Durchsicht des Thierbuches, welches uns der große Predigermönch hinterlassen hat, habe ich keine Stelle der Art aufgefunden. Göthe hat das wichtige Gesetz erkannt, nicht auf fremde Anregung, sondern aus eigenem Drange des Forschens. Wie er schon bei seiner ersten italienischen Reise von der Physiognomik zur Kunst fortschritt, so ist er nachher von da zur Wissenschaft gegangen, um den geheimnißvollen Bau des menschlichen Kopfes zu ergründen. In Rom stand er in künstlerischer Bewunderung vor dem Schädel Raphael's in der Akademie Luca[3]); in Weimar fiel ihm die schwerere Aufgabe zu, den Schädel Schiller's, der mit anderen zusammen in einer Gruft gefunden ward[4]),

---

[1]) Sämmtliche Werke. Bd. 40 S. 447 u. 527.

[2]) Siehe Beilage IX.

[3]) Sämmtliche Werke. Bd. 24 S. 261 u. 290.

[4]) Palleske. II. S. 415.

wieder zu bestimmen und so noch über das Grab
hinaus den geliebten Freund zu schützen, den er so
lange überlebte. Wie rührend ist der Gesang des
Greises, als er das todte Gebein ergreift:

> Geheim Gefäß! Orakelsprüche spendend,
> Wie bin ich werth dich in der Hand zu halten?

Das war im Jahre 1826. Noch stand der 77jäh-
rige Mann ungebeugt da. Aber auch seine Sonne
neigte sich zum Niedergang. Längst waren die Tage
vorüber, wo er mitten im Winter zu Pferd den
Harz durchstreifte, von süßer Frauen Lieb' geleitet.
Damals sang er:

> Umgieb mit Wintergrün,
> Bis die Rose wieder heranreift,
> Die feuchten Haare,
> O Liebe, deines Dichters!

Jetzt deckte des Lorbeers ewiger Schmuck das kühlere
Haupt. Die Geschicke dieser Welt erschütterten ihn
wenig mehr. Die Julirevolution hatte eine alte Dy-
nastie auf immer von dem Throne geworfen. Eckermann besuchte ihn am Tage, wo diese Nachricht in
Weimar anlangte. „Nun!" rief Göthe ihm beim Ein-
tritte entgegen, „was denken Sie von dieser großen
Begebenheit? Der Vulkan ist zum Ausbruch gekommen; Alles steht in Flammen, und es ist nicht
ferner eine Verhandlung bei geschlossenen Thüren!"

Und als sich Eckermann unwillig über das franzö=
sische Ministerium, das an Allem Schuld sei, äußerte,
da sagte der alte Naturforscher: „Wir scheinen uns
nicht zu verstehen. Ich rede gar nicht von jenen
Leuten; es handelt sich bei mir um ganz andere
Dinge! Ich rede von dem in der Akademie zum
öffentlichen Ausbruch gekommenen, für die Wissen=
schaft so höchst bedeutenden Streit zwischen Cuvier
und Geoffroy=St. Hilaire."[1]

Geoffroy's Streit war Göthe's Streit. Denn
der berühmte Verfasser der Philosophie anatomique
hatte es übernommen, die Methode des deutschen
Dichters in Frankreich zur Geltung zu bringen.
Ihm gegenüber stand der größte lebende Kenner des
Thierreiches, Georges Cuvier, ein alter Eleve
der Carlsschule zu Stuttgart, der den wissen=
schaftlichen Ernst von Kielmeyer gelernt hatte.
Und dieser wieder war ein junger, wenig beachte=
ter Mensch gewesen, als sein Mitschüler Schiller
die Akademie verließ. Geoffroy und Cuvier —
beide kämpften mit Waffen, in deutschem Feuer ge=
härtet[2].

---

[1] Eckermann. III. S. 339. Vgl. 353.
[2] Siehe Beilage X.

Da hielt es den alten Helden nicht länger. Noch einmal faßte er den Griffel und schrieb mit sicherer Hand das Urtheil über die Prinzipien der Philosophie des Thierlebens. Galt es doch, den philosophischen Denker gegen die herbe Kritik des strengen Forschers zu schirmen. Und noch ein zweites Mal — es vergingen dazwischen zwei Jahre — setzte er an und entrollte ein Gemälde von dem Entwickelungsgange der wissenschaftlichen Zoologie, wie er selbst ihn mitgemacht hatte. Seine großen Zeitgenossen, die nun alle dahingegangen waren, die Führer in Anatomie und Zoologie ließ er, wie ein Feldherr, vor dem Auge seines Geistes vorüberziehen. Da kam der edle Graf Buffon, dessen Naturgeschichte in demselben Jahre erschienen war, da Göthe geboren ward. Da kam Daubenton, dessen Forscherblick zuerst die Verbindung des Schädels mit der Wirbelsäule schärfer erfaßte. Da Petrus Camper, der würdige Holländer, der den Gesichtswinkel entdeckt. Da erschienen die Freunde, Thomas Sömmerring und Merck, die treuesten Helfer in den Tagen der Jugend.

Die Heerschau ging zu Ende. Der lorbeergeschmückte Feldherr durfte sich den hohen Verblichenen

5

ebenbürtig erachten. Und so schrieb er das Datum
unter die Schrift:

Weimar, im März 1832.

Darnach schrieb er nichts mehr. Am 22. März
schaute sein Auge dieses Licht zum letztenmal. Und
sein letztes Wort war:

Mehr Licht!

Beilagen.

I.

Farbenlehre.

(Zu S. 21 u. 24.)

Bei der leidenschaftlichen Heftigkeit, mit der noch jetzt Göthe's Verdienste um die Farbenlehre von einzelnen seiner Anhänger discutirt werden, mag es wohl gerathen sein, auf die Urtheile unseres großen Physiologen hinzuweisen. Der verstorbene Johannes Müller hatte nach seiner eigenen Erklärung gerade durch das Studium der Göthe'schen Schriften die stärkste Anregung zu seinen Untersuchungen über das Sehen empfangen. Aber es konnte ihm nicht entgehen, daß die Erklärung, wonach die Farbe nur ein „Schattiges," aus einer Vermischung von weißem Licht mit Dunkel hervorgegangen, sein sollte, keine Erklärung ist, insofern weder der Schatten, noch das Dunkel etwas positives ist. „Dunkel ist physiologisch, worauf doch Alles in dieser Frage zuletzt zurückkommt, nur derjenige Theil des Auges, wo die Nervenhaut im Zustande der Ruhe empfunden wird." [1] Müller besprach daher offen jenen Grundirrthum der Lehre und faßte schließlich sein gewiß sehr gerechtes und wohl erwogenes Urtheil dahin zusam-

---

[1] Joh. Müller Handbuch der Physiologie des Menschen. Coblenz 1840. II. S. 300.

men: „Göthe's große Verdienste um die Farbenlehre be=
treffen nicht die Hauptfrage von den Ursachen der
prismatischen Farben. Es ist hier nicht der Ort, seine
erfolgreichen Bemühungen in Hinsicht der phy=
siologischen Farben, der moralischen Wirkungen
der Farben und der Geschichte der Farbenlehre
auseinanderzusetzen." Indeß kommt er später wieder=
holt auf Göthe zurück, so bei der Untersuchung der Nach=
bilder, der farbigen Schatten, der Contraste und der Phan=
tasmen. [1])

Die neuere physiologische Optik hat aber gelehrt, daß
auch noch in einem anderen wichtigen Punkte, nämlich in
der Lehre von den Complementärfarben Göthe sich zu sehr
durch Erfahrungen bestimmen ließ, welche die Technik der
Maler ihm darbot. Bei der Mischung der Malerfarben
giebt Blau und Gelb allerdings Grün, aber nicht bei der
Mischung der Spectralfarben, und zwar aus dem Grunde,
weil die Aetherwellen im ersten Fall nicht wirklich ge=
mischt, sondern vielmehr ausgesondert werden. [2]) Daher
lautet allerdings das Urtheil der Gegenwart eher strenger,
als milder. „Es sind," sagt Helmholtz, „die Göthe'schen
Darstellungen eben nicht als physikalische Erklärungen,
sondern nur als bildliche Versinnlichungen des Vorganges
aufzufassen. Er geht überhaupt in seinen naturwissen=
schaftlichen Arbeiten darauf aus, das Gebiet der sinnlichen
Anschauung nicht zu verlassen; jede physikalische Erklärung
muß aber zu den Kräften aufsteigen und die können natür=
lich nie Objecte der sinnlichen Anschauung werden, sondern
nur Objecte des begreifenden Verstandes. Die Versuche,

---

[1]) Joh. Müller Handbuch der Physiologie des Menschen.
II. S. 367. 373. 375.

[2]) Ludwig Physiologie. Leipz. u. Heidelb. 1858. I. S. 304.

welche Göthe in seiner Farbenlehre angiebt, sind genau beobachtet und lebhaft beschrieben, über ihre Richtig= keit ist kein Streit. Die entscheidenden Versuche mit möglichst gereinigtem, einfachem Lichte, auf welche Newton's Theorie gegründet ist, scheint er nie nachgemacht oder ge= sehen zu haben. Seine übermäßig heftige Polemik gegen Newton gründet sich mehr darauf, daß dessen Fundamental= hypothesen ihm absurd erscheinen, als daß er etwas Er= hebliches gegen seine Versuche oder Schlußfolgerungen ein= zuwenden hätte. Der Grund aber, weßhalb ihm Newton's Annahme, das weiße Licht sei aus vielfarbigem zusammen= gesetzt, so absurd erschien, liegt wieder in seinem künstleri= schen Standpunkte, der ihn nöthigte, alle Schönheit und Wahrheit unmittelbar in der sinnlichen Anschauung aus= gedrückt zu suchen. Die Physiologie der Sinnesempfin= dungen war damals noch unentwickelt, die Zusammensetzung des Weiß, welche Newton behauptete, war der erste em= pirische Schritt zu der Erkenntniß der nur subjectiven Be= deutung der Sinnesempfindungen. Und Göthe hatte da= her ein richtiges Vorgefühl, wenn er diesem ersten Schritt heftig opponirte, welcher den „schönen Schein" der Sinnes= empfindungen zu zerstören drohte."[1])

Dieses Urtheil klingt allerdings hart, aber man darf auch nicht übersehen, wie sehr Göthe selbst während des Studiums die mehr subjective Bedeutung seiner Erfahrun= gen erkannte. 1796 schreibt er an Schiller: „Die Natur= betrachtungen freuen mich sehr. Es scheint eigen, und doch ist es erfreulich, daß zuletzt eine Art von subjectivem Ganzen herauskommen muß. Es wird, wenn Sie wol=

---

[1]) Helmholtz Physiol. Optik (Encyclop. der Physik IX). S. 267. (416)

len, eigentlich die Welt des Auges, die durch Gestalt und Farbe erschöpft wird. Denn wenn ich recht Acht gebe, so brauche ich die Hülfsmittel anderer Sinne nur sparsam, und alles Raisonnement verwandelt sich in eine Art von Darstellung." [1] Und noch mehr bezeichnend ist vielleicht die folgende Stelle: „Und so war ich, ohne es beinahe selbst bemerkt zu haben, in ein fremdes Feld gelangt, indem ich von der Poesie zur bildenden Kunst, von dieser zur Naturforschung überging, und dasjenige, was nur Hülfsmittel sein sollte, mich nunmehr als Zweck anreizte. Aber als ich lange genug in diesen fremden Regionen verweilt hatte, fand ich den glücklichen Rückweg zur Kunst durch die physiologischen Farben und durch die sittliche und ästhetische Wirkung derselben überhaupt." [2]

Schließlich möge hier noch auf das persönliche Zusammentreffen Johannes Müllers mit Göthe im Jahre 1828 hingewiesen sein, von welchem ersterer Mittheilung macht. [3] Die Unterhaltung betraf hauptsächlich den Punkt der willkürlichen Erzeugung phantastischer Gesichtserscheinungen, welche Göthe in einem so hohen Maße besaß, daß Müller schon früher wiederholt mit Bewunderung dabei verweilte. [4]

---

[1] Briefwechsel I, S. 242.

[2] Sämmtliche Werke Bd. 39. S. 457.

[3] Joh. Müller Handbuch der Physiol. II. S. 567.

[4] Joh. Müller. Ueber die phantastischen Gesichtserscheinungen. Coblenz 1826. S. 48. 83.

II.

Der Dichter als Naturforscher.

(Zu S. 24.)

So nahe liegt die Frage, was dem Dichter das Na=
turforschen genützt habe, daß die meisten nur sie aufwerfen.
Denn sie glauben daraus zunächst ersehen zu können, weß=
halb er sich der Naturforschung in einem so ungewöhnlichen
Grade und so dauerhaft hingegeben habe. Aber es giebt noch
eine andere Frage, deren Beantwortung zugleich, vielleicht
mehr noch als jene, das Bedürfniß des Dichters zur Naturbe=
trachtung erkennen ließe: das ist die Frage, in wie weit
der Dichter gerade in seiner poetischen Begabung die Kraft ge=
fühlt habe, auch der Natur Herr zu werden. Denn mit
dem Bewußtsein, solche Kraft zu besitzen, mußte ja auch
sofort das Streben, sie zu benutzen, gegeben sein, und der
Erfolg konnte wieder den Grund des Fortschreitens
auf der betretenen Bahn enthalten. Möge man in
diesem Sinne nachstehendes Urtheil von Johannes Mül=
ler prüfen.

An einer Stelle, wo er entwickelt, daß die Phantasie
von der Idee bestimmt werde und nur in der Sphäre
des von der Idee beigebrachten Begriffs der Form wirke,
sagt der berühmte Physiolog Folgendes: „Wer davon
sich einen deutlichen Begriff machen will, lese Göthe's
meisterhafte Schilderung des Nagethieres und seiner ge=
selligen Beziehungen zu anderen Thieren in der Morpho=
logie. Nichts Aehnliches ist aufzuweisen, was dieser aus
dem Mittelpunkte der Organisation entworfenen Projection
gleich käme. Irre ich nicht, so liegt in dieser Andeutung
die Ahnung eines fernen Ideals der Naturgeschichte.
So siehst du den Wirbel auch zum Schädel sich ausbilden,

das Blatt zum Blumenblatte werden, das Athemorgan als Lunge, als Kieme unter den mannichfaltigsten Formen einer nach außen oder nach innen sich im kleinsten Raume vermehrenden Fläche dasselbe bleiben."[1]) Und weiterhin: „In dem Künstler und dem vergleichenden Naturforscher bewegt sich das plastische Phantasieleben nur innerhalb der Sphäre des Begriffs. Der Naturforscher spricht das Gesetz der Formenbildung und Verwandlung aus, er sieht es nur in dem Wirklichen und Natürlichen verwirklicht. Die Phantasie des Künstlers ist auch nur in diesem Gesetze thätig, aber sie verläßt seine Verwirklichung im Wirklichen und Natürlichen, und erhebt sich, in denselben Gesetzen sich bewegend und fortschreitend, ohne den Begriff zu verlassen, über das Wirkliche zur idealen Form, die Selbstzweck und nicht mehr ein Ausdruck innerer Functionen und als solcher immerhin durch diese beschränkt ist. Wundern wir uns darum nicht, wenn einer und derselbe das Größte in beiden Richtungen erreicht hat. Nur durch eine nach der erkannten Idee des lebendigen Wechsels wirkende plastische Imagination entdeckte Göthe die Metamorphose der Pflanzen, eben darauf beruhen seine Fortschritte in der vergleichenden Anatomie und seine höchst geistige, ja künstlerische Auffassung dieser Wissenschaft."

Möge man damit Lavater's Urtheil über Göthe, welches uns dieser selbst mittheilt[2]), vergleichen: „Dein Bestreben, Deine unablenkbare Richtung ist, dem Wirk-

---

1) J. Müller. Ueber phantastische Gesichtserscheinungen. S. 104.
2) Sämmtliche Werke. Bd. 22 S. 340.

lichen eine poetische Gestalt zu geben; die Andern suchen
das sogenannte Poetische, das Imaginative zu verwirk=
lichen und das giebt nichts wie dummes Zeug."

III.

Zwischenkiefer.

(Zu S. 47.)

Die Frage von dem Zwischenkiefer (os intermaxillare),
einem kleinen, zwischen die zwei Hälften des Oberkiefers ein=
geschobenen und die oberen Schneidezähne tragenden Knochen,
ist schon sehr alt, wurde aber zu Göthe's Zeit insbeson=
dere durch Camper, einen holländischen Anatomen, wieder
angeregt. In dem Briefwechsel zwischen den Freunden
spielt sie eine große Rolle. Die ersten, genauer einge=
henden Bemerkungen darüber finde ich in Briefen Blu=
menbach's an Sömmerring[1]) von 1781, und sie sind in=
sofern literarhistorisch von besonderem Interesse, als sich
die betreffenden Stellen daraus fast wörtlich, und zwar
ohne Angabe des Verfassers, in Göthe's Excerpten[2]) fin=
den. Indeß folgt daraus nichts in Beziehung auf die
Originalität der Entdeckung Göthe's. Denn erst 1785,
als er schon seine Abhandlung geschrieben und durch
Merck[3]) an Camper und Sömmerring mitgetheilt hatte,
schickte ihm dieser die Briefe Blumenbach's[4]). Die Haupt=

---

[1]) Sömmerring's Briefwechsel von R. Wagner. I. S.
297 u. 298.

[2]) Sämmtliche Werke. Bd. 36 S. 237 unten bis 239.

[3]) Sömmerring's Briefwechsel. S. 3.

[4]) Ebendaselbst. S. 8.

anregung ist an Göthe wohl durch Merck gekommen¹),
der schon 1782 sich der Osteologie zugewendet hatte und
gerade über den Zwischenkiefer von Sömmerring specielle
Belehrung einholte. Allein so wenig Gewicht legte
dieser letztere auf die ihm doch schon ein Jahr früher zu=
gekommenen brieflichen Bemerkungen Blumenbach's, daß
er sagt, das os intermaxillare sei „caeteris paribus der
einzige Knochen, den alle Thiere vom Affen an, selbst der
Orang=Utang eingeschlossen, haben, der sich hingegen nie
beim Menschen findet; wenn Sie diesen Knochen abrech=
nen, so fehlt Ihnen Nichts, um nicht Alles vom Men=
schen auf die Thiere transferiren zu können."²) Die ersten
Spuren von Göthe's Theilnahme an diesem „Knochen=
wesen" zeigen sich in seinen Briefen an Charlotte von
Stein und Herder, die, wie es scheint, am 27. März
1784, von Jena aus geschrieben sind. An die Geliebte
schreibt er: „Es ist mir ein köstliches Vergnügen gewor=
den, ich habe eine anatomische Entdeckung gemacht, die
wichtig und schön ist. Du sollst auch dein Theil dran
haben. Sage aber niemand ein Wort. Herdern kündigts
auch ein Brief unter dem Siegel der Verschwiegenheit
an. Ich habe eine solche Freude, daß sich mir alle Ein=
geweide bewegen."³) Und dem Freund berichtet er: „Nach
Anleitung des Evangelii muß ich dich auf das eiligste
mit einem Glücke bekannt machen, das mir zugestoßen
ist. Ich habe gefunden — weder Gold, noch Silber, aber
was mir unsägliche Freude macht,

das os intermaxillare am Menschen!

---

¹) Carus Göthe. S. 36.

²) Merck's Briefwechsel. S. 354 vgl. S. 364.

³) Göthe's Briefe an Frau von Stein, herausgeg. von
Schöll. Weimar 1851. III. 31.

Ich verglich mit Lodern Menschen- und Thierschädel, kam auf die Spur, und siehe da ist es. Nun bitt' ich Dich, laß dich nichts merken; denn es muß geheim behandelt werden. Es soll dich auch recht herzlich freuen; denn es ist wie der Schlußstein zum Menschen, fehlt nicht, ist auch da! Aber wie! Ich habe mirs auch in Verbindung mit Deinem Ganzen gedacht, wie schön es da wird."[1] Welche herzliche, welche lebendige Freude! Bald nachher (13. oder 14. April?) schreibt er wieder an Charlotte: „Mir geht es gut und freudig in der weiteren Ausarbei= tung des Knöchleins. Wir haben Löwen und Wallrosse gefunden und mehr interessantes. Es wird aber nicht so auf Einen Ruck gehen, wie ich dachte, und uns weiter führen." Und wieder später (Jena, 7. Mai?): „Ich habe mich in die Stille begeben, um dir zu schreiben, nun wird bald Lober kommen und es werden Anatomica zur Erholung und Ergötzung der Seele vorgenommen." Am 23. April 1784 meldet er die Entdeckung an Merck und schon am 6. August spricht er von seiner „Inaugural= dissertation, durch welche ich mich bei Eurem docto corpore zu legitimiren gesonnen bin."[2] Und mit wel= chem Eifer treibt er von allen Seiten das Material zu= sammen. Von Sömmerring ließ er sich aus Cassel einen Elephantenschädel schicken, der ihm „für seine Untersuchung unschätzbar" war und dessen fast in allen Briefen aus dieser Periode (Juni 1784) gedacht wird. In Braun= schweig befand sich ein Elephantenfötus. Er will dahin, um „ihm ins Maul zu sehen"; er „weiß nicht, wozu ein solches Monstrum in Spiritus taugt, wenn man es nicht

---

[1] Aus Herder's Nachlaß. I. 75.
[2] Merck's Briefwechsel. S. 421 u. 430 vgl. 440 Note.

zergliedert und den innern Bau aufklärt." Endlich schickt
er die Abhandlung. Aber die Freunde wollen von der
„Inaugural=Dissertation" nicht viel wissen. Sömmer=
ring nennt sie einen „in manchem Betracht sehr artigen
Aufsatz," aber er erkannte ihre Hauptsätze nicht an und
wollte die Sache Göthe ausreden[1]). Auch Merck schien
von der „Wahrheit des Asserti" nicht durchdrungen zu
sein und Göthe schickte ihm daher Knochenpräparate[2]),
um ihn und Sömmerring zu überzeugen. Indeß be=
merkt er von letzterem: „Ich glaube noch nicht, daß er
sich ergiebt. Einem Gelehrten von Profession traue ich
zu, daß er seine fünf Sinne abläugnet. Es ist ihnen
selten um den lebendigen Begriff der Sache zu thun, son=
dern um das, was man davon gesagt hat."[3]) Aber auch Merck
stellt sich noch manchen Monat später sehr erstaunt, daß
Vicq d'Azyr (was übrigens nicht der Fall war[4]) „sogar
Göthe's sogenannte Entdeckung in sein Werk aufgenom=
men habe."[5])

An Camper wurde das Manuscript durch Merck
1785 ohne Angabe des Namens des Verfassers ge=
schickt[6]). Die Antwort dieses vortrefflichen Gelehrten
verdient im Original[7]) nachgelesen zu werden. La vue
de ce beau manuscrit m'a frappé, j'attendais un livre
imprimé, une lettre indicative, je rencontre un manuscrit très élégant, admirablement bien écrit, c'est-

---

1) Ebendaselbst.   S. 438 u. 440.
2) Ebendaselbst.   S. 439.
3) Ebendaselbst.   S. 445.
4) Ebendaselbst.   S. 493.
5) Sömmerring's Briefwechsel.   S. 293.
6) Merck's Briefwechsel.   S. 449.
7) Ebendaselbst.   S. 467.

à-dire d'une main admirable! sans nom de l'auteur! Er bespricht die Sauberkeit der Tafeln, erkennt aber nicht an, daß sie „nach der Camper'schen Methode" gezeichnet seien; er kritisirt das unklare und ungenaue Latein, erkennt die Sorgfalt der Untersuchung an, aber leugnet das Vorkommen des Knochens beim Menschen. Jedoch als ernsthafter Naturforscher setzt er hinzu: Je dois réexaminer tout cela. Auch machte er sich sofort ans Werk, und nachdem er inzwischen erfahren, daß Göthe der Verfasser sei, schrieb er zurück, er habe sich überzeugt, daß der Zwischenkiefer beim Menschen nicht existire[1]). An Göthe selbst scheint er mit mehr Zurückhaltung geschrieben zu haben; dieser bemerkt darüber, der Brief sei sehr interessant[2]) und Camper habe „allen billigen Antheil an der Sache genommen," aber seine Art der Ablehnung kränkte ihn tief, und noch in seiner letzten Schrift vom März 1832 nannte er es eine „unbesonnene Gutmüthigkeit," die Abhandlung an Camper übersendet zu haben[3]).

Camper war ein Naturforscher von Geist und Herz[4]). Wie er bei der Sache war, das zeigt folgende Stelle in einem Briefe an Georg Forster: Je ne vivrai pas assez longtemps pour voir tous mes désirs satisfaits; mais savoir est quelque chose, et contempler les choses en général, quelle volupté![5]) Und dazu war Camper ein wahrer Kunstverständiger. Aber welcher Unterschied von

---

[1]) Ebendaselbst. S. 481.

[2]) Sömmerring's Briefwechsel. S. 10. Vgl. Sämmtliche Werke. Bd. 36 S. 245.

[3]) Sämmtliche Werke. Bd. 40 S. 509.

[4]) Göthe. Sämmtliche Werke. Bd. 40 S. 505.

[5]) Joh. Georg Forster's Briefwechsel. Herausgegeben von Th. H. geb. H. Leipzig 1829. II. S. 769.

Göthe, wenn er in demselben Briefe sagt: La Provi-
dence n'a jamais eu la beauté pour but dans la créa-
tion des animaux, mais elle a sue arranger de mille
façons les dispositions des organes des animaux pour
les faire servir à son but destiné. L'homme, le singe,
le cheval, l'élan sont tous également parfaits, aucun
est beau, et si nous y trouvons de la beauté, c'est
par habitude et convenance. Und so sagt auch Merck:
„Indem ich die Thierköpfe mehr mit einander vergleiche,
leuchtet mir immer der Unsinn von Schönheit der Form
mehr in die Augen. Alles nur dünkt mich nothwendig,
und nichts ist schön, sondern bloß auf die Nahrung des
Thieres eingerichtet"[1].   Und so begriffen sie auch nicht,
woran Göthe keinen Augenblick zweifelte, daß der Mensch
einen Zwischenkiefer haben müsse und daß das allgemeine
Gesetz hier nicht ausfallen könne.

Ganz selbständig, ohne von Göthe etwas zu wissen,
kam wenige Jahre nachher Autenrieth zu derselben Entdeckung[2]. Dieser sorgsame Forscher bemerkt, daß Nesbitt[3] der Einzige gewesen sei, der früher eine Andeutung
von dieser allgemeinen Erscheinung gegeben habe. Nachher ist die Thatsache allmählich überall anerkannt worden
und namentlich hat M. J. Weber durch eine zweckmäßige
Behandlung der Knochen (mit verdünnter Salpetersäure)
das Mittel gefunden, die Trennung derselben vollständiger
zu bewerkstelligen[4]. Freilich hat auch in der neuesten

---

[1] Sömmerring's Briefwechsel. S. 290.
[2] J. H. F. Autenrieth. Supplementa ad histo-
riam embryonis humani. Tubing. 1797. p. 67.
[3] Rob. Nesbitt Osteologia. p. 195. Osteogenie, aus
dem Engl. Altenburg 1753. S. 58.
[4] Frorieps Notizen. 1828. Bd. 19 S. 282.

Zeit die Opposition sich nicht ganz beschwichtigt[1]), indeß kann man im Ganzen sagen, daß schon zur Zeit, als endlich Göthe's Originalzeichnungen in würdiger Gestalt veröffentlicht wurden, die große Mehrzahl der Osteologen ihre Zustimmung erklärt hatten. Die Leopoldinische Akademie hat das Verdienst, diese Publikation bewerkstelligt zu haben. 1824 erschien in ihren Abhandlungen die Abbildung des Elephanten=Schädels[2]); 1831 folgte die Darstellung des Zwischenkiefers mit den ursprünglichen Abbildungen[3]), von denen nachher ein Theil in den Atlas übergegangen ist, welcher die französische Uebersetzung von Göthe's naturhistorischen Arbeiten durch Martins begleitet.

In ähnlicher Weise, wie mit dem Zwischenkiefer, beschäftigte sich Göthe späterhin im genauesten. Einzelnen mit mehreren anderen Knochen. Wiederholt kommt er auf die Besprechung der Gehörknochen zurück[4]); namentlich aber, und selbst in der letzten Zeit seines Lebens, waren es die Röhrenknochen des Armes und Beines, welche er sowohl vom einfachen vergleichend=anatomischen, als auch vom physiologisch=teleologischen Standpunkte auf das Genaueste betrachtete[5]). Selbst die Vergleichung der Knochen der Ober= und Unterextremität mit einander

---

[1]) Vgl. die Streitigkeiten zwischen Emm. Rousseau und Larcher. Gaz. hebdom. de méd. et chirurgie. 1858. p. 907. 1859. p. 23, 59 et 91.

[2]) Nova Acta Acad. Carol. Leopold. Nat. Curios. XII. 1. p. 324.

[3]) Ibidem XV. 1. pag. 1.

[4]) Sämmtliche Werke. Bd. 36 S. 355 u. 296.

[5]) Ebendaselbst. S. 359 u. 361.

deutet er an, von der er übrigens zugesteht, daß sie schon
vor ihm angestellt sei.[1]) Göthe's Uebersetzer, Martins,
hat diese Frage später wieder aufgenommen und sorgfältig
durchgeführt[2]), wobei ich bemerke, daß in Deutschland
schon früher eine sehr sorgfältige Arbeit darüber von
Falguerolles aus Bremen veröffentlicht ist[3]).

IV.

Göthe's Naturauffassung.
(Zu S. 48.)

Ueber sein Verhältniß zur Natur hat sich Göthe so
gern und vielfach ausgesprochen, daß ich der Erinnerung
an ihn nicht besser genügen zu können glaube, als indem
ich hier noch einige seiner schönen Sätze zusammenstelle.
Wenige Bemerkungen mögen hinzugefügt sein.

Am 18. October 1827 war Hegel bei Göthe zum
Thee und das Gespräch hatte sich längere Zeit um das
Wesen und die Vorzüge der Dialektik gedreht. Gegen die
Angriffe des Dichters hatte der Philosoph bemerkt, daß
nur von Geistig-Kranken die Kunst der Dialektik dazu miß-
braucht werde, um das Falsche wahr und das Wahre falsch
zu machen. Hiergegen sagte Göthe: „Da lobe ich mir

---

[1]) Sämmtliche Werke. Bd. 36. S. 328.

[2]) Ch. Martins Nouvelle comparaison des membres
pelviens et thoraciques chez l'homme et chez les mammi-
fères, déduite de la torsion de l'humérus (Mém. de l'Acad.
des sciences de Montpellier. T. III. p. 471). Montpellier 1857.

[3]) Falguerolles Diss. inaug. med. de extremitatum
analogia. Erlang. 1785.

das Studium der Natur, das eine solche Krankheit nicht
aufkommen läßt. Denn hier haben wir es mit dem un=
endlich und ewig Wahren zu thun, das Jeden, der nicht
durchaus rein und ehrlich bei Beobachtung und Behandlung
seines Gegenstandes verfährt, sogleich als unzulänglich ver=
wirft. Auch bin ich gewiß, daß mancher dialektisch Kranke
im Studium der Natur eine wohlthätige Heilung finden
könnte." [1]

Wenige Monate zuvor hatte er sich so geäußert: „Wenn
nur die Menschen das Rechte, nachdem es gefunden, nicht
wieder umkehrten und verdüsterten, so wäre ich zufrieden;
denn es thäte der Menschheit ein Positives noth, das man
ihr von Generation zu Generation überlieferte, und es
wäre doch gut, wenn das Positive zugleich das Rechte und
Wahre wäre. In dieser Hinsicht sollte es mich
freuen, wenn man in der Naturwissenschaft
aufs Reine käme, und sodann im Rechten be=
harrte und nicht wieder transscendirte, nachdem
im Faßlichen Alles gethan worden. Aber die Menschen
können keine Ruhe halten und ehe man es sich versieht,
ist die Verwirrung wieder oben auf." [2]

Ueber seine Methode sagt er Folgendes: „Ich besaß
die entwickelnde, entfaltende Methode, keineswegs die zu=
sammenstellende, ordnende; mit den Erscheinungen neben
einander wußt' ich nichts zu machen, hingegen mit ihrer
Filiation mich eher zu benehmen." [3] „Ich hielt an dem
Gedanken fest: man solle die Bestimmung jedes Theils
für sich und sein Verhältniß zum Ganzen zu erforschen

---

[1] Eckermann. III. S. 222.
[2] Ebendaselbst. I. S. 339.
[3] Sämmtliche Werke. Bd. 27. S. 495.

trachten, das eigene Recht jedes einzelnen anerkennen und
die Einwirkung aufs Uebrige zugleich im Auge behalten,
wodurch denn zuletzt Nothwendiges, Nützliches und Zweck=
mäßiges am lebendigen Wesen müßte zum Vorschein
kommen." [1])

Hieraus begreift man, wie innig sich das Verständniß
des Dichters den Erscheinungen der Natur und Kunst an=
paßte, und wie es ihn ergriff, als der Arzt Heinroth in
seiner Anthropologie, indem er Göthe's Denkvermögen als
ein gegenständlich thätiges bezeichnete, mit dem Einen
Worte sein Wesen ausdrückte [2]). In Beziehung auf die
Kunst hatte Göthe lange vorher dies selbst klar ausge=
sprochen, als er von Rom schrieb: „In der Kunst muß ich
es so weit bringen, daß alles anschauende Kenntniß
werde, nichts Tradition und Namen bleibe." [3])

Mit einer solchen anschauenden Kenntniß, einem sol=
chen gegenständlichen Wissen mußte Göthe's Vorstellung
von der Allgemeinheit allerdings weit auseinandergehen
mit jenen schwächlichen Richtungen empfindsamer Rationa=
lität, welche damals so viele beherrschten. Ueber seinen
Hylozoismus, wie er es nannte, hat er sich sehr früh aus=
gesprochen [4]) und es mag genügen, auf diese Stellen hinzu=
weisen. Dagegen kann ich es mir nicht versagen, einen
beherzigungswerthen Passus aus späterer Zeit hier ganz
anzufügen:

„Es ist dem Menschen natürlich, sich als das Ziel der

---

[1]) Sämmtliche Werke. Bd. 36. S. 254. Vergl. in den
Gedichten die Urworte (Orphisch).

[2]) Ebendaselbst. Bd. 40. S. 444.

[3]) Ebendaselbst. Bd. 24. S. 90.

[4]) Ebendaselbst. Bd. 25. S. 159. Vergl. Göthe's Briefe
an Lavater, herausgeg. von Hirzel. Leipzig 1833. S. 4. 44. 152.

Schöpfung zu betrachten und alle übrigen Dinge nur in
Bezug auf sich und insofern sie ihm dienen und nützen.
Er bemächtigt sich der vegetabilischen und animalischen
Welt, und indem er andere Geschöpfe als passende Nah=
rung verschlingt, erkennt er seinen Gott und preiset dessen
Güte, die so väterlich für ihn gesorget. Der Kuh nimmt
er die Milch, der Biene den Honig, dem Schaf die Wolle,
und indem er den Dingen einen ihm nützlichen Zweck giebt,
glaubt er auch, daß sie dazu sind geschaffen worden. Ja,
er kann sich nicht auch denken, daß nicht auch das kleinste
Kraut für ihn da sei, und wenn er dessen Nutzen noch
gegenwärtig nicht erkannt hat, so glaubt er doch, daß sol=
cher sich künftig ihm entdecken werde. — Und wie der
Mensch nun im Allgemeinen denkt, so denkt er auch im
Besonderen, und er unterläßt nicht, seine gewohnte An=
sicht aus dem Leben auch in die Wissenschaft zu tragen
und auch bei den einzelnen Theilen eines organischen We=
sens nach deren Zweck und Nutzen zu fragen. Dies mag
auch eine Weile gehen und er mag auch in der Wissen=
schaft eine Weile damit durchkommen; allein gar bald
wird er auf Erscheinungen stoßen, wo er mit einer so
kleinen Ansicht nicht ausreicht, und wo er, ohne höheren
Halt, sich in lauter Widersprüchen verwickelt. Solche Nütz=
lichkeitslehrer sagen wohl: der Ochse habe Hörner, um
sich damit zu wehren. Nun frage ich aber, warum das
Schaf keine? und, wenn es welche hat, warum sind sie
ihm um die Ohren gewickelt, so daß sie ihm zu nichts
dienen? Etwas Anderes aber ist es, wenn ich sage: der
Ochse wehrt sich mit seinen Hörnern, weil er sie hat.
Die Frage nach dem Zweck, die Frage warum? ist durch=
aus nicht wissenschaftlich. Etwas weiter aber kommt man
mit der Frage Wie? Denn wenn ich frage: wie hat

der Ochse Hörner? so führt mich das auf die Betrachtung
seiner Organisation und belehrt mich zugleich, warum der
Löwe keine Hörner hat und haben kann. — Die Nützlich=
keitslehrer würden glauben, ihren Gott zu verlieren, wenn
sie nicht den anbeten sollten, der dem Ochsen die Hörner
gab, damit er sich vertheidige. Mir aber möge man er=
lauben, daß ich den verehre, der in dem Reichthum seiner
Schöpfung so groß war, nach tausendfältigen Pflanzen
noch eine zu machen, worin alle übrigen enthalten, und
nach tausendfältigen Thieren ein Wesen, das sie alle ent=
hält: den Menschen. Man verehre ferner den, der dem
Vieh sein Futter giebt und dem Menschen Speise und
Trank, so viel er genießen mag. Ich aber bete den an,
der eine solche Productionskraft in die Welt gelegt hat,
daß, wenn nur der millionteste Theil davon ins Leben tritt,
die Welt von Geschöpfen wimmelt, so daß Krieg, Pest,
Wasser und Brand ihr nichts anzuhaben vermögen. Das
ist mein Gott."[1]

Jene Frage nach dem Wie der Organisation ist es,
welche Göthe sowohl durch seine botanischen, als durch seine
zoologischen Studien hindurch immerfort im Auge behalten
und welche ihn schließlich zu der genetischen Methode ge=
führt hat. Sie brachte ihn ganz natürlich zu der Vor=
stellung von einem bestimmten Haushalte (Oekonomie)
in der Gestaltung jedes einzelnen Wesens, innerhalb dessen
die einzelnen Theile bestimmend auf einander wirken und
die besondere Entwickelung des einen Theils nicht ohne
Rückwirkungen auf die der andern bleiben könne.[2] Es

---

[1] Eckermann. II. S. 176. vergl. Sämmtliche Werke.
Bd. 36. S. 281.

[2] Sämmtliche Werke. Bd. 36. S. 281.

war dies besonders ein Punkt, wo er mit Geoffroy[1]) in dem von diesem formulirten Gleichgewichtsgesetze (loi de balancement) zusammentraf, und noch in der letzten Zeit seines Lebens beschäftigte ihn die Betrachtung anhaltend, wie die Natur, an einen gewissen Etat gebunden, starke Ausgaben durch Einnahmen compensire und so in sich selbst eine weise Mäßigung vorbestimmt enthalte.[2])

So konnte er denn mit Bewußtsein sagen, was über seine Gesammtanschauung ein helles Licht verbreitet: „Wir denken uns das abgeschlossene Thier als eine kleine Welt, die um ihrer selbst willen und durch sich selbst da ist. So ist auch jedes Geschöpf Zweck seiner selbst, und weil alle seine Theile in der unmittelbarsten Wechselwirkung stehen, ein Verhältniß gegen einander haben und dadurch den Kreis des Lebens immer erneuern, so ist auch jedes Thier als physiologisch vollkommen anzusehen. Kein Theil desselben ist, von innen betrachtet, unnütz, oder wie man sich manchmal vorstellt, durch den Bildungstrieb gleichsam willkürlich hervorgebracht; obgleich Theile nach außen zu unnütz erscheinen können, weil der innere Zusammenhang der thierischen Natur sie so gestaltete, ohne sich um die äußeren Verhältnisse zu bekümmern.“[3])

---

[1]) Geoffroy-St.-Hilaire Philosophie anatomique. Paris 1822. p. 244.

[2]) Sämmtliche Werke. Bd. 40. S. 518. Riemer. S. 299.

[3]) Ebendaselbst. Bd. 36. S. 280.

V.

Straßburger Lektüre.

(Zu S. 58.)

Schöll giebt unter dem Titel Ephemerides eine Reihe von Excerpten, die Göthe in Straßburg 1770 sammelte. Es wird nicht ohne Interesse sein, das Naturwissen=schaftliche, speciell das Medicinische kurz zusammen=zustellen.

Es sind hauptsächlich zwei Autoren, aus deren Schrif=ten sich Aufzeichnungen finden. Zuerst Boerhaave, dessen Beziehungen wir schon im Text erwähnten, und der hier benutzt ist, um ein Paar Stellen über den Verlauf der Pockenepidemien und über die frühzeitige Geistesentwicke=lung bei Rachitischen auszuziehen. Sodann der berühmte und berüchtigte Paracelsus, von dem sich in der Faust=Dichtung zahlreiche Erinnerungen finden. Allerlei Sen=tenzen und alchymistische Vorschriften sind ausgeschrieben, an welche sich Citate aus alten Aerzten über die Sieben=zahl und aus Autoren über Arzneimittellehre anschließen. Von letzteren finden sich insbesondere Schulzii Theses ad Mat. med. Halae 46 und Geofroy de Mat. med. Dazu gehört ein Recept, das an die Stelle von dem Cu=riren aus einem Punkte[1]) erinnert:

Hemenagogum.   Rec. Arist. rot. ℥ ij

ʒ   Tart. calyb. ℥ j

Aq. font. ℥ ij

fiat infus.

---

[1]) Hierbei ist es vielleicht von Interesse, eine Stelle (Sämmtliche Werke. Bd. 36 S. 284) zu erwähnen, wo sich Göthe über die physiologische Bedeutung des Uterus genauer ausspricht.

sowie die treffliche Bemerkung: „Hebammen werden zu den geistlichen Personen des Orts gerechnet. Leyser über den Schilter. S. 76."

Weiterhin notirt er Peuschel's Abhandlung der Physiognomie, Metoskopie und Chiromantie, Leipzig 1769, unmittelbar hinter Paracelsus von „Schülern in einer weichen Schaale."

Aus der Naturlehre zahlreiche Werke und Einzelcitate über Electricität, Farbenlehre, Meteorologie und Zoologie.

Ich will noch hinzufügen, daß die eine Inschrift im Straßburger Münster von 1776 den Namen Göthe's neben denen von Lavater, Lauth, Röderer und Ehrmann nennt. (Stöber a. a. O. S. 40.) Letztere sind fast sämmtlich Mediciner oder Anatomen geworden.

VI.

Lavater und die Physiognomik.

(Zu S. 60.)

Göthe selbst hat sich an einer Stelle sehr bestimmt über das Verhältniß seiner Knochenstudien zu Lavater's Anregungen ausgesprochen. Nach der Campagne in Frankreich (1792) besuchte er auch den kleinen Hof in Münster und hier nöthigte man ihn, von seinen Naturbetrachtungen einige Rechenschaft zu geben. Er sagt: „Von Fürstenberg brachte zur Sprache, daß er mit Verwunderung, welche beinahe wie Befremden aussah, hie und da gehört habe, wie ich der Physiognomik wegen die allgemeine Knochenlehre studire, wovon sich doch schwerlich irgend eine Beihülfe zu Beurtheilung der Gesichtszüge des Men-

schen hoffen lasse. Nun mocht' ich wohl bei einigen Freun=
den, das für einen Dichter ganz unschicklich gehaltene Stu=
dium der Osteologie zu entschuldigen und einigermaßen
einzuleiten, geäußert haben, ich sey, wie es denn wirk=
lich auch an dem war, durch Lavaters Physio=
gnomik in dieses Fach wieder eingeführt wor=
den, da ich in meinen akademischen Jahren
darin die erste Bekanntschaft gesucht hatte.
Lavater selbst, der glücklichste Beschauer organisirter Ober=
flächen, sah sich, in Anerkennung daß Muskel= und Haut=
gestalt und ihre Wirkung von dem entschiedenen inneren
Knochengebilde durchaus abhängen müsse, getrieben, meh=
rere Thierschädel in sein Werk abbilden zu lassen, und
selbige mir zu einem flüchtigen Commentar
darüber zu empfehlen. Was ich aber gegenwärtig
hievon wiederholen oder in demselben Sinne zu Gunsten
meines Verfahrens aufbringen wollte, konnte mir wenig
helfen, indem zu jener Zeit ein solcher wissenschaftlicher
Grund allzuweit ablag und man, im augenblicklichen ge=
sellschaftlichen Leben befangen, nur den beweglichen Ge=
sichtszügen, und vielleicht gar nur in leidenschaftlichen
Momenten, eine gewisse Bedeutung zugestand, ohne zu
bedenken, daß hier nicht etwa bloß ein regelloser Schein
wirken könne, sondern daß das Aeußere, Bewegliche,
Veränderliche als ein wichtiges bedeutendes Resultat eines
innern entschiedenen Lebens betrachtet werden müsse."[1]

Der große Eindruck, den Lavater auf das so schnell
entzündbare Gemüth des jungen Göthe gemacht hatte,
geht außerdem auf das Klarste aus der überaus sorgfäl=
tigen und weitläuftigen Darstellung hervor, welche dem

---

[1] Sämmtliche Werke. Bd. 25 S. 195.

sonderbaren Manne an verschiedenen Stellen in Dichtung
und Wahrheit geworden ist[1]). Auch bei vielen anderen
Gelegenheiten kommt er auf ihn zu sprechen[2]), und wenn
sein Urtheil über den „Propheten" allmählich immer
schroffer wird, ja endlich sein Widerwillen zu einer völligen Trennung treibt, so erkennt er doch den fördernden
Einfluß des wunderlichen Heiligen stets dankbar an. Lavater seinerseits war dem Jünglinge mit hellstem Enthu-
siasmus entgegen getreten. „Bist's?" rief er ihm bei
der ersten Begegnung zu. „Ich bin's," war die Antwort. Da war es, wo Lavater schrieb: „Unaussprech-
lich süßer, unbeschreiblicher Auftritt des Schauens —
sehr ähnlich und unähnlich der Erwartung."[3]) Auch Göthe
erzählt, daß Lavater im ersten Augenblick durch einige
sonderbare Ausrufungen verrathen habe, wie er ihn anders
erwartet habe. Aber gewiß war dies Gefühl sehr vor-
übergehend, denn auf der Rheinreise, dieser glückseligen
Fahrt, herrschte die größte Herzlichkeit zwischen ihnen.
Wie charakteristisch lautet der Brief, den Lavater aus
Ems am 18. Juli nach Hause schrieb! Darin heißt es:
„Unterdeß," diktirt mir Göthe aus seinem Bett herüber,
„unterdeß geht's immer so grade in die Welt 'nein.
Es schläft sich, ißt sich, trinkt sich und liebt sich auch
wohl an jedem Orte Gottes wie am andern, folglich also
— itzo schreib' er weiter!"[4])

---

[1]) Sämmtliche Werke. Bd. 22 S. 194 — 224, 348 —
53, 371 — 86.

[2]) Ebendaselbst. Bd. 27 S. 501. Bd. 36 S. 12. Eckermann. II. S. 70. III. S. 279.

[3]) Geßner Leben Lavater's. II. S. 127.

[2]) Ebendaselbst. S. 135.

Die rege Theilnahme, die Göthe an der Herausgabe und Vervollständigung des großen physiognomischen Werkes von Lavater nahm, hat er mannichfach geschildert. Das Manuscript mit den zum Text eingeschobenen Plattenabdrücken ging an ihn nach Frankfurt und Weimar. Er hatte das Recht, alles zu tilgen, was ihm mißfiel, wovon er freilich sehr mäßig Gebrauch machte. Nur einmal ließ er eine leidenschaftliche Controverse weg und legte dafür ein heiteres Naturgedicht ein[1]). Leider ist der positive Antheil, den der Dichter an dem Werke des Geistlichen genommen hat, nirgends in dem Werke selbst unmittelbar angedeutet, und nur aus dem Briefwechsel mit Lavater[2]) und dessen Verleger Reich[3]) lassen sich einzelne Einblicke gewinnen. Einmal, zu Eckermann[4]), sagte Göthe selbst, was mit der früher erwähnten Aeußerung in Münster übereinstimmt: „Was in Lavater's Physiognomik über Thierschädel vorkommt, ist von mir," und an Herder schreibt er im Mai 1775: „Ich fördere mit innigem Shandysmus mit an Lavater's Physiognomik."[5]) Man kann daher wohl annehmen, daß die Anregung eine tiefe und für die späteren Thier- und namentlich Knochenstudien entscheidende war.

Das große Werk von Lavater erschien in den Jahren 1775 — 78. In demselben finden sich an mehreren

---

[1]) Sämmtliche Werke. Bd. 22 S. 349.

[2]) Briefe von Göthe an Lavater aus den Jahren 1774—83, herausgegeben von Hirzel. Leipzig 1833. S. 7 ff.

[3]) Ebendaselbst. S. 168 folgende. O. Jahn a. a. O. S. 218 folg.

[4]) Eckermann. II. S. 70.

[5]) Aus Herder's Nachlaß. I. S. 53.

Orten Abbildungen und Betrachtungen über Thierköpfe und Thierschädel¹). Die meisten derselben sind in dem zweiten Bande enthalten, wo in höchst sonderbarer Weise Capitel um Capitel das einemal wilde oder zahme Thiere, das anderemal Krieger, Admirale, Fürsten, Künstler, Seher behandelt werden. An keiner Stelle ist der Text so charakteristisch, daß man ohne Weiteres den Antheil von Göthe ausscheiden könnte, indeß müssen sich seine Bemerkungen doch wohl hauptsächlich auf die ersten Bände beziehen, da deren Erscheinen (1775—76) der Zeit nach am meisten zutrifft. Am Schlusse des ersten Bandes steht das „Lied eines physiognomischen Zeichners" mit dem Datum vom 19. April 1775²), welches auch Hirzel³) wieder hat abdrucken lassen und welches sich unter der Ueberschrift „Künstlers Abendlied" mit geringen Textänderungen in den gesammelten Werken⁴) wieder findet. Auf dieses Lied bezieht sich offenbar die oben erwähnte Bemerkung Göthe's.

In dem Briefwechsel mit dem Verleger finden sich manche Stellen⁵), welche darauf hindeuten, daß sowohl

---

¹) Lavater. Physiognomische Fragmente zur Beförderung der Menschenkenntniß und Menschenliebe. Leipzig und Winterthur. II. S. 139, 174, 192, 199, 205, 210, 218, 252, 260, 280. III. S. 63. IV. S. 56.

²) Ebendaselbst. I. S. 272.

³) Göthe's Briefe an Lavater. S. 29.

⁴) Sämmtliche Werke. Bd. 2. S. 178. (Das handschriftliche Original ist noch erhalten und jetzt auf der Göthe-Ausstellung in Berlin. Katalog 1861. S. 16 sub II. 14.)

⁵) Briefe an Lavater. S. 168. Briefe an Leipziger Freunde. S. 218.

manche Zugaben, als auch ein Theil des Textes der Fragmente von Göthe's Hand sind. Einige[1] derselben unterscheiden sich nicht blos dem Geiste und der Auffassung, sondern auch dem Styl und der Interpunction nach so wesentlich von Lavater's Schriften, daß ich kaum Bedenken trage, sie für unseren Dichter in Anspruch zu nehmen. Weiterhin scheint mir ein Abschnitt im 3. Bande (1777) auf ihn bezogen werden zu können. Dort sind[2] unter der Ueberschrift „Vermischte Beobachtungen eines bekannten Dichters" sechs verschiedene physiognomische Bemerkungen zusammengestellt, von denen ich die letzte, als besonders charakteristisch, hier anführe: „Die Eröffnung des Mundes kann nie genug studiert werden. In ihr, deucht mich, steckt die höchste Charakteristik des ganzen Menschen. Alles Naive, Zärtliche, Männliche der ganzen Seele drückt sich da aus. Von diesem verschiedenen Ausdrucke ließen sich Folianten schreiben, und ist das etwas, das dem unmittelbaren Gefühle des, der einen Menschen studiert, überlassen werden muß. — Die Muskeln um den Mund herum sind, deucht mich, dem Sitze der Seele am nächsten, da kann sich der Mensch am wenigsten verstellen. Daher das häßlichste Gesicht angenehm wird, wenn es noch gute Züge am Munde übrig behalten hat, und einem wohl organisirten Menschen nichts in der Natur so widrige Empfindungen erregen kann, als ein verzogenes Maul."

In diesem selben Bande[3] ist es auch, wo Lavater

---

[1] Lavater Fragmente. I. S. 15, 21 u. 140.

[2] Ebendaselbst. III. S. 98.

[3] Ebendaselbst. III. S. 218. Vergl. Göthe's Sämmtliche Werke. Bd. 22. S. 195.

hinter einander 5 verschiedene Bilder von Göthe, theils
nach Zeichnungen, theils nach Medaillons, giebt. Nur
eines von diesen, das vierte, stimmt mit dem bekannten
May'schen überein und dieses wird auch vor den andern
gerühmt. In dem Texte dazu finden sich manche interes=
sante physiognomische Schilderungen Göthe's; insbesondere
die lebhaftesten Bemerkungen über das Auge des jungen
Dichters. Bei dem ersten Bilde heißt es: „Auch ohne
das blitzende Auge; auch ohne die geistlebendige Lippe,
auch ohne die blaßgelblichte Farbe — auch ohne den An=
blick der leichten, bestimmten, und alltreffenden, allanziehen=
den, und sanftwegdrängenden Bewegung — ohn' alles das,
welche Einfachheit und Großheit in diesem Gesicht!"
Später spricht Lavater von „Göthe's rollendem Feuerrad —
so fähig, von Empfindungsglut jeder Art geschmelzt zu
werden"; er schildert „das mit Einem fortgehenden Schnell=
blicke durchbringende, verliebte — sanft geschweifte, nicht
sehr tief liegende, helle, leicht bewegliche Auge." Für
solche, die eine besondere Aufmerksamkeit auf diese schöne
Entwickelungszeit des Dichters richten, sind die berührten
Blätter von großer Bedeutung und es ist gewiß sehr dan=
kenswerth, daß der sammelnde Physiognomiker bei dieser
Gelegenheit auch das Bild von Göthe's Vater hat stechen
lassen[1]). Er nennt ihn den „vortrefflich geschickreichen,
alles wohl ordnenden, bedächtlich — und klug — anstellen=
den — aber auf keinen Funken dichterischen Genies An=
spruch machenden Vater des großen Mannes."
So sind auch in dieser Beziehung die „physiognomi=

---

[1]) Lavater. III. S. 221. Gegen die Aufnahme des Bildes
seiner Mutter protestirte Göthe auf das entschiedenste (Briefe an
Lavater. S. 35).

schen Fragmente" ein redendes Zeugniß der Zeit, in der
sie entstanden. Damals erregten sie die Theilnahme der
deutschen gebildeten Welt in allen Kreisen; ja ihr Umfang,
ihre Ausstattung, ihre Kostbarkeit schienen sie zu einem
Handbuche gerade der höchsten und vornehmsten Kreise
zu bestimmen, welche sonst nur spät und langsam den
Fortschritten der Wissenschaft folgen.[1] Aber diese Kreise
lieben den Wechsel und sehr bald verdrängte die Phreno=
logie das kaum geweckte Interesse an der Physiognomik.
Unzweifelhaft lag die Schuld mit an der Art, wie Lavater
die Physiognomik behandelt hatte. Er war weder Künstler
noch Forscher genug, um die für eine wirkliche Dauer
nöthige Tiefe der Anschauung erreichen zu können, und
Göthe hat ganz Recht, wenn er, am Schlusse seines Le=
bens auf diese Erlebnisse seiner Jugend zurückblickend, sein
Urtheil dahin zusammenfaßt: „Es ist zu bedauern, daß
ein schwacher Mysticismus dem Aufflug seines Genies so
bald Grenzen setzte"[2]. Die undankbare Nachwelt hat es
nur zu schnell vergessen, daß hier ein wirklicher Aufflug
mit Anstrengung aller Kräfte versucht wurde und daß das

---

[1] Das Interesse knüpfte sich auch an die Person. So läßt
die Herzogin Louise 1779 durch Herder ihre Entbindung an
Lavater melden, und ersterer schreibt dabei von dem Kinde,
einer Prinzessin: „Göthe versichert, daß es gerade die Genies=
nase mit breitem Sattel nach deiner Angabe habe." (Aus
Herder's Nachlaß. II. S. 178).

[2] Eckermann. III. S. 279. (18. Januar 1830). Man
vergleiche das überaus ungünstige Urtheil, das Heinse schon
1780 fällte (Heinse's sämmtliche Werke. Leipzig 1838. IX.
S. 81.) Sollte die Zugabe auf S. 21 der Physiognomischen
Fragmente Thl. I. von Göthe herrühren, so könnte man versucht
sein, in dem „moralischen Zigeuner" schon damals ein leise
Ironie zu spüren.

Ziel, auf welches er gerichtet war, das rechte war. Dieses darlegen zu können, hat mir[1]) eine nicht geringe Befriedigung gewährt und ich mag es mir nicht versagen, hier der Zustimmung eines der Zeitgenossen jener denkwürdigen Entwickelungsperiode zu gedenken. In einem Briefe vom 29. März 1857, worin er sich über die betreffende Schrift ausspricht, schrieb Alexander von Humboldt mir unter Anderem: „Die Rechtfertigung des alten Lavater, den man gern beschuldigt, nur auf die weichen Theile geachtet zu haben, hat mich besonders gefreut." In der That kann nichts ungerechter sein, als eine solche Beschuldigung, welche sich offenbar mehr auf ein laienhaftes Vorurtheil, als auf eine Kenntniß der Werke Lavater's stützt. Dieser selbst sprach sich, als ihm Kaiser Joseph II. in Waldshut mit demselben Vorurtheil entgegen trat, ganz klar dahin aus, daß „sein Augenmerk mehr auf das Feste und Bestimmbare der menschlichen Physiognomie, als auf das Bewegliche, Augenblickliche, Zufällige, daher mehr auf die Anlage, die Grundfähigkeit gerichtet sei"[2]). Am besten scheint mir aber der Lavater, der unsern Dichter fesselte, in folgender Stelle sich selbst zu schildern: „Ueber den bloßen Schädel des Menschen — wie viel kann der Zergliederer sagen? wie viel mehr der Physiognomist? wie viel mehr der Zergliederer, der Physiognomist ist? — Ich darf kaum aufsehen, wenn ich denke, was ich nicht weiß, und wissen sollte, um würdig über einen Theil des menschlichen Körpers, des Menschen, zu schreiben, — der über alle Erkenntniß, allen Glauben, alle Vermuthung wichtig ist. — Man kann es schon bemerkt haben, daß ich das

---

[1]) Virchow. Entw. des Schädelgrundes. S. 118.
[2]) Geßner Lavater's Leben. II. S. 186.

7

Knochensystem für die Grundzeichnung des Men=
schen — den Schädel für das Fundament des
Knochensystems und alles Fleisch beynahe nur für das
Colorit dieser Zeichnung halte — daß ich auf die Be=
schaffenheit, die Form und Wölbung des Schädels, so
viel mir bewußt ist, mehr achte als meine Vorgänger
alle; daß ich diesen weit festeren, weniger veränderlichen —
leichter bestimmbaren Theil des menschlichen Körpers für
die Grundlage der Physiognomik angesehen wis=
sen möchte."[1]

Göthe hat denselben Gedanken in dichterischer Form
ungleich schöner und kürzer wieder gegeben, in dem kleinen
Gedicht, das „Typus" überschrieben ist:

Es ist nichts in der Haut,
Was nicht im Knochen ist.
Vor schlechtem Gebilde jedem graut,
Das ein Augenschmerz ihm ist.

Was freut denn jeden? Blühen zu sehn,
Das von innen schon gut gestaltet;
Außen mag's in Glätte, mag in Farben gehn,
Es ist ihm schon voran gewaltet.

Aber einem Geiste, wie dem Göthe's, genügte es nicht,
den Typus dichterisch zu feiern; ihm war es eine Noth=
wendigkeit, ihn auch gestaltlich darzustellen. Dazu scheint
zuerst die in Weimar eingerichtete Zeichnungsakademie bei=
getragen zu haben. Vorher finden sich nur zerstreute Be=
merkungen über physiognomische und osteologische Arbeiten
in den Briefen an Lavater. 1778 schreibt er: „Der
Herzog hat mir sechs Schädel kommen lassen, habe herr=
liche Bemerkungen gemacht, die Ew. Hochwürden zu Dien=

---

[1] Lavater a. a. O. II. S. 143.

ften stehen, wenn dieselben sie nicht ohne mich fanden"[1].
1780 in dem prächtigen Briefe, wo er die Liebe Char=
lottens eingesteht, sagt er: „Im Phisiognomischen sind
mir einige Hauptpunkte deutlich geworden, die dir wohl
längst nichts neues sind, mir aber von Wichtigkeit wegen
der Folgen." Und er setzt hinzu: „Hab ich dir das Wort
Individuum est ineffabile, woraus ich eine Welt ableite,
schon geschrieben?"[2] Endlich am 14. November 1781
berichtet er: „Auf unserer Zeichnungsakademie habe ich
mir diesen Winter vorgenommen, mit den Lehrern und
Schülern den Knochenbau des menschlichen Körpers durch=
zugehen, sowohl um ihnen als mir zu nuzen, sie auf das
merkwürdige dieser einzigen Gestalt zu führen und
sie dadurch auf die erste Stufe zu stellen, das bedeutende
in der Nachahmung sichtlicher Dinge zu erkennen und zu
suchen. Zugleich behandle ich die Knochen als einen Text,
woran sich alles Leben und alles menschliche anhängen
läßt, habe dabey den Vortheil, zweimal die Woche öffent=
lich zu reden, und mich über Dinge, die mir werth sind,
mit aufmerksamen Menschen zu unterhalten. Ein Ver=
gnügen, welchem man in unserm gewöhnlichen Welt=,
Geschäfts= und Hofleben gänzlich entsagen muß."[3]

So war dieser viel geschmähte „Minister". Nachdem
er erst Forscher und dann Lehrer geworden war, wollte
er auch selbst Künstler sein. Und so sehen wir ihn, kaum
in Rom angelangt, alsbald zum Modelliren übergehen.
„Mein hartnäckig Studium der Natur, meine Sorgfalt,
mit der ich in der comparirenden Anatomie zu Werke ge=

---

[1] Briefe an Lavater. S. 35.
[2] Ebendaselbst. S. 104.
[3] Ebendaselbst. S. 136.

gangen bin, setzen mich nunmehr in den Stand, in der
Natur und den Antiken manches im Ganzen zu sehen,
was den Künstlern im Einzelnen aufzusuchen schwer wird,
und das sie, wenn sie es endlich erlangen, nur für sich
besitzen und andern nicht mittheilen können.
Ich habe', setzt er hinzu, „alle meine physiognomischen
Kunststückchen, die ich aus Pik auf den Propheten (Lava=
ter) in den Winkel geworfen, wieder hervorgesucht, und sie
kommen mir gut zu passen. Ein Herkuleskopf ist ange=
fangen"[1]). Die inzwischen bekannt gewordenen Ideen
Camper's über das Gesichtsprofil erregten ihn lebhaft und
brachten die Erinnerung an Lavater noch mehr in den
Vordergrund[2]). Sehr bald schreibt er von Rom: „Das
Interesse an der menschlichen Gestalt hebt nun alles an=
dere auf. Ich fühlte es wohl und wendete mich immer
davon weg, wie man sich von der blendenden Sonne weg=
wendet, auch ist alles vergebens, was man außer Rom
studiren will. Ohne einen Faden, den man nur hier
spinnen lernt, kann man sich aus diesem Labyrinthe nicht
herausfinden."[3]) „Jetzt seh' ich, jetzt genieß' ich erst das
Höchste, was uns vom Alterthum übrig blieb, die Sta=
tuen"[4]). „In solcher Gegenwart wird man mehr als
man ist; man fühlt, das Würdigste, womit man
sich beschäftigen sollte, sey die menschliche Ge=
stalt, die man hier in aller mannichfaltigen Herrlichkeit
gewahr wird. Doch wer fühlt bey einem solchen Anblick
nicht alsobald, wie unzulänglich er sey; selbst vorbereitet

---

[1]) Sämmtliche Werke. Bd. 24. S. 87. vergl. S. 264. 282.

[2]) Ebendaselbst. S. 127—28.

[3]) Ebendaselbst. S. 199.

[4]) Ebendaselbst. S. 201.

steht man wie vernichtet. Hatte ich doch Proportion, Anatomie, Regelmäßigkeit der Bewegung mir einigermaßen zu verdeutlichen gesucht, hier aber fiel mir nur zu sehr auf, daß die Form zuletzt alles einschließe, der Glieder Zweckmäßigkeit, Verhältniß, Charakter und Schönheit."[1]

Freilich war der endliche Gewinn ein idealer, denn der Dichter sah ein, daß er nicht auch zugleich Bildner sein könne. Aber das einmal gewonnene Verständniß erhielt auch die Theilnahme rege, und so finden wir in einem seiner Briefe nach der Rückkehr aus Italien (Weimar, den 17. December 1788) die Bemerkung: „In physiognomischen Entdeckungen, die sich auf die Bildung idealer Charaktere beziehen, bin ich sehr glücklich gewesen."[2]. Worauf sich das bezieht, ist nicht ganz klar, denn in seiner gewohnten Weise setzt er unmittelbar hinzu: „ich bin noch immer gegen Jedermann darüber geheimnißvoll." Wir wissen nur, daß von dieser Zeit an seine Fähigkeit, in das Gesetzmäßige der Naturerscheinungen einzudringen, sich immer freier entfaltete und daß in ähnlicher Weise, wie der physiognomische Anfang zum Studium der Natur geführt hatte, so auch das Verständniß der Kunst, welches sich daraus ergeben hatte, nun wieder zur tieferen Ergründung der Natur zurückdrängte. 1789 (?) schreibt er an Herder: „Ich habe eine neuentdeckte Harmoniam naturae vorzutragen"[3] und gleich hinterher: „Ich habe mich diese zwei Tage mit dem Profil eines Jupiters beschäftigt. Bei der Gelegen-

---

[1]) Sämmtliche Werke. Bd. 24. S. 282.
[2]) Aus Herder's Nachlaß. I. S. 102.
[3]) Ebendaselbst. I. S. 110.

heit habe ich sehr sonderbare Gedanken über den Anthro=
pomorphismus gehabt, der allen Religionen zum Grunde
liegt." Offenbar arbeitete während dieser Epoche in ihm
der Gedanke des Wirbeltypus, denn als er im nächsten
Jahre (1790) den entscheidenden Fund auf dem Lido in
Venedig that, da war er schon dahin gelangt, die Existenz
von 3 Schädelwirbeln zu statuiren und der vielbesprochene
Schöpsenkopf gab ihm nur Veranlassung, noch 3 weitere
Wirbel für die Gesichtsknochen hinzuzufügen. Denn aus=
drücklich sagt er: „Die drei hintersten (Schädelwirbel)
erkannt' ich bald, aber erst im Jahre 1790, als ich aus
dem Sande des dünenhaften Judenkirchhofs von Venedig
einen zerschlagenen Schöpsenkopf aufhob, gewahrt' ich
augenblicklich, daß die Gesichtsknochen gleichfalls aus Wir=
beln abzuleiten seyen, indem ich den Uebergang vom ersten
Flügelbein zum Siebbein und den Muscheln ganz deutlich
vor Augen sah; da hatt' ich denn das Ganze im All=
gemeinsten beisammen."[1]) Der Gedanke von der Anwen=
dung des Wirbeltypus auf die Deutung der Schädel=
knochen muß also in die Jahre vor 1790 fallen. Aber
von da an wurde seine Kenntniß der Osteologie und der
Anatomie immer ausgedehnter, zunächst durch Lober's
Vorträge und Umgang[2]), dann insbesondere durch Söm=
merring[3]), d'Alton und Carus[4]). Wie sich aber auch in
der nachrömischen Periode Kunst und Natur in ihm ver=
schmolzen, das erhellt wohl am besten, wenn man seine
Betrachtungen über die Elgin'schen und venetianischen

---

[1]) Sämmtliche Werke. Bd. 40. S. 447.

[2]) Ebendaselbst. Bd. 27. S. 27. 53. 116. Bd. 35. S. 12.

[3]) Ebendaselbst. Bd. 27. S. 53. 214.

[4]) Ebendaselbst. Bd. 27 S. 408.

Pferdeköpfe, den Urstier u. dgl. vergleicht[1]) oder wenn man die unmittelbare Anwendung aller dieser Erfahrungen für die ausübende Kunst selbst in der „Einleitung in die Propyläen"[2]) ins Auge faßt.

VII.

Die Wirbeltheorie des Schädels.

(Zu S. 60.)

Die Wirbeltheorie des Schädels geht im Wesentlichen darauf hinaus, daß die knöcherne Capsel, welche das Gehirn umschließt, nach demselben Grundtypus zusammengesetzt und aufgebaut ist, wie die knöcherne Röhre, welche das Rückenmark umlagert, so daß jene Capsel, der Schädel, eine höhere Entfaltung dieser Röhre, des Rückgrathes oder der Wirbelsäule darstellt, gleichwie das Gehirn selbst als eine höhere und vollkommnere Entfaltung des Rückenmarkes zu betrachten ist. Freilich gilt dieser Satz nicht für alle jene Theile, welche den Schädel im gewöhnlichen Sinne des Wortes zusammensetzen, sondern nur für jenen Theil, welcher wesentlich als feste Umhüllung des Gehirns dient. An diesen Schädel im engeren Sinne des Wortes schließen sich die Gesichtsknochen als eine fernere, der Wirbelsäule beigegebene Ausstattung an, und sie müssen demnach sofort die Vermuthung erregen, daß sie mehr den Rippen oder den

---

[1]) Sämmtliche Werke. Bd. 40 S. 456. Bd. 36 S. 338.
[2]) Ebendaselbst. Bd. 30 S. 287.

eigentlichen Gliedern (Extremitäten) vergleichbare Theile darstellen.

Wie weit diese Vergleichung auszudehnen ist, wie viel von den Gesichtsknochen etwa noch zu der Kopf-Wirbelſäule als wesentlicher Bestandtheil hinzuzurechnen ist, darüber ist man noch jetzt nicht einig. Göthe ging offenbar zu weit, indem er ſechs Schädelwirbel annahm, von denen drei ganz oder theilweiſe in den Bereich des Gesichtsſkelets fallen. Mit Sicherheit kann man nur jene drei Schädelwirbel aufſtellen, welche Göthe, wie es ſcheint, bis 1790 der Hauptſache nach erkannt hatte; ſehr zwei-felhaft iſt es ſchon, ob man noch einen vierten, rudimen-tären Wirbel zulaſſen darf, der in die Naſenbildung mit eingeht.

Am folgerichtigſten hat in neueſter Zeit Owen[1]) dieſe Doctrin entwickelt, indem er zu ihrer Begründung die ge-ſammte vergleichende Oſteologie in Bewegung ſetzte; am entſchiedenſten hat ſie Huxley[2]) bekämpft, indem er gleich-falls die Kopfbildung aller Wirbelthierklaſſen zu Rathe zog. Indeß bekämpft auch er doch nur den Satz, daß die Kopfknochen wirkliche Wirbel ſeien, während er zu-geſteht, daß ſie die vollſtändigſte Analogie mit Wirbeln haben. Im Sinne Göthe's genügt dies Zugeſtändniß vollſtändig.

---

[1]) Rich. Owen. On the architype and homologies of the vertebrate skeleton. London 1848. — Holmes Coote. The homologies of the human skeleton. Lon-don 1849.

[2]) Thom. H. Huxley. On the theory of the verte-brate skull. The Croonian lecture. Proc. Royal Soc. 1858. Nov.

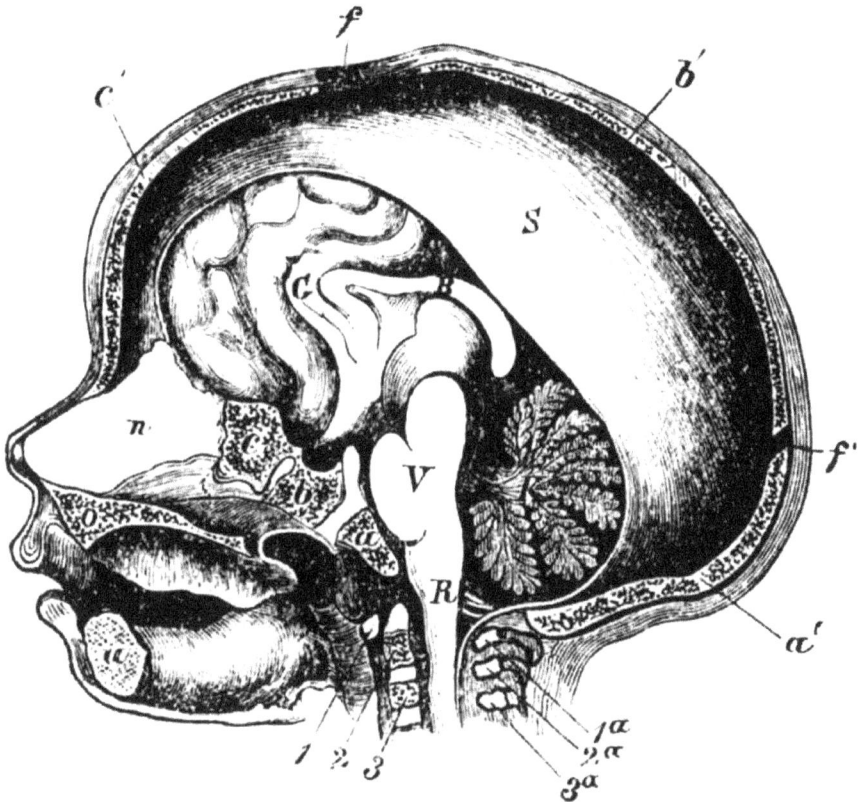

Fig. 1.

Zum besseren Verständniß für die Einrichtung beim Menschen habe ich aus meiner größeren Arbeit[3]) den Längsdurchschnitt des Kopfes eines neugeborenen Kindes wiedergeben lassen, welcher die wichtigsten Verhältnisse deutlicher darstellt, als sie sich am Kopfe des Erwachse= nen übersehen lassen, wo viele, ursprünglich getrennte Knochen zu gemeinschaftlichen Massen verwachsen und in dieser Verschmelzung sich nicht mehr deutlich erken= nen lassen.

Betrachtet man an dem Holzschnitt den unteren und hinteren Theil, so sieht man zunächst bei R den

---

[3]) Virchow. Entwickl. des Schädelgrundes. Taf I. Fig. 1.

Längsdurchschnitt des Rückenmarkes, welches sich bei V in die sogenannte Varols = Brücke fortsetzt und von hier einerseits in das Kleinhirn K, andererseits in das Groß= hirn G entfaltet. Letzteres besteht aus zwei Seitenhälften (Hemisphären), welche mit zahlreichen Windungen besetzt sind und in der Mitte durch den Balken B zusammen= hängen. Zwischen beide Hälften schiebt sich eine häutige Scheidewand S ein.

Das Rückenmark ist umschlossen von der Wirbelsäule, welche aus einer großen Zahl einzelner knöcherner Wirbel besteht. Letztere sind durch Knorpel (die sogenannten Zwischenwirbelknorpel) mit einander beweglich verbunden. An jedem Wirbelknochen unterscheidet man einen vorn ge= legenen Körper, von dem seitlich Bogenstücke ausgehen, die um das Rückenmark herum greifen und hinten zu den Dornfortsätzen aneinandertreten. In der Zeichnung sind die drei obersten Wirbel zu sehen, indem 1, 2 und 3 die vordern Theile, die Wirbelkörper, und 1 a, 2 a und 3 a die hintern Theile, die Dornfortsätze, bezeichnen.

Ganz ähnliche Verhältnisse finden wir auch am Schädel, wo die Wirbelkörper am Grunde liegen, ur= sprünglich gleichfalls durch Zwischenknorpel verbunden oder, vielleicht deutlicher gesagt, getrennt. Hier bezeichnet a den Körper des Hinterhauptswirbels, das Hinterhaupts= bein; b den Körper des Mittelhauptswirbels, das hintere Keil= oder Flügelbein; c den Körper des Vorderhaupts= wirbels, das vordere Keilbein.

An diese Körper schließen sich seitlich Bogenstücke an, welche auf der Zeichnung nicht zu sehen sind. Diese ver= einigen sich nach oben, am Schädeldache, zu Dornfort= sätzen, welche sich von denen der eigentlichen Wirbelsäule dadurch unterscheiden, daß sie platte, große, ursprünglich und auch zum Theil noch späterhin paarige Knochenstücke darstellen. a', die Hinterhauptschuppe, stellt den Dorn= fortsatz des Hinterhauptswirbels dar; b', das Scheitel= bein, den Dornfortsatz des Mittelhauptswirbels, und c', das Stirnbein, den Dornfortsatz des Vorderhauptswirbels. Zwischen ihnen, bei f und f', liegen ursprünglich häutige Zwischenbänder, die sogenannten Fontanellen.

Nach vorn schließen sich daran die dem Gesicht zu= zurechnenden Theile. Nur der in der Zeichnung knorplig gezeichnete Theil n, welcher die Nasenscheidewand und nach oben das Siebbein bildet, ist in seiner Deutung zweifelhaft, während der Oberkiefer o und der Unter= kiefer u offenbar nur äußere Zuthat der Wirbelge= bilde sind.

Man wird hier sofort ersehen, daß die Voraussetzun= gen der Phrenologie, insofern sie sich fast nur auf das Schädeldach beziehen, sehr ungenügend sind. Denn selbst zugegeben, was nicht richtig ist, daß jeder Hervorragung, jeder Windung der Gehirnoberfläche auch eine Hervorra= gung des Schädels entspreche, so würde doch auf diesem Wege nur derjenige Theil des Gehirns unserer Erkennt= niß zugänglich werden, der dem Schädeldache, also den Dornfortsätzen anliegt. In meiner oben erwähnten Schrift habe ich darzuthun versucht, daß eine der wich= tigsten Ergänzungen die Betrachtung des Gesichtes, also die Physiognomik ist, insofern die Gesichtsknochen sich unmittelbar an die Wirbelkörper des Schädelgrundes an= fügen und in ihrer Stellung so sehr durch die Form, Größe und Stellung dieser Wirbel bestimmt werden, daß man wiederum rückwärts aus dem Gesichte, und nament= lich aus dem Gesichtsprofil Schlüsse auf die Bildung der Schädelgrundfläche, welche sonst der Betrachtung ganz ent=

zogen ist, machen kann. Damit habe ich die Gedanken
Lavater's und Camper's nicht nur wieder aufgenommen,
sondern um ein Gewisses weiter geführt; insbesondere
habe ich den schwarzen Raum der Silhouette, auf deren
Betrachtung der Züricher Diakonus so großes Gewicht
legte, mit einem realen Inhalte ausgefüllt und diesen
Inhalt in eine Reihe wirklich zu greifender Theile zerlegt,
welche nicht mehr bloß der Vermuthung und der willkürlichen Deutung, sondern der unmittelbaren Messung zugänglich sind. Die hier zu erlangenden Maaße aber
stützen sich auf eine bewußte Kenntniß der organischen
Entwickelung, nicht mehr, wie der Gesichtswinkel Camper's, auf eine bloß künstlerische Gesammt-Anschauung,
welche auf dem Wege des Probirens vorwärts schreitet.

Natürlich liegt es nahe, jeden auf wissenschaftlichem
Wege gefundenen Werth auch künstlerisch zu prüfen und
darnach anzuwenden. Das war Göthe's Streben in
Rom. Manchem mag es nun freilich wunderbar vorkommen, wenn Göthe wiederholt in seinen Briefen her-
vorhebt, wie sehr ihm das Studium der vergleichenden
Anatomie das Verständniß der Antike erleichtert habe.
Man wird vielleicht eher glauben, daß die Erforschung
der Thierköpfe dem Verständniß der idealen Köpfe griechi-
scher Götter und Herren schade. Aber schon Camper hat
gezeigt, wie beide Reihen sich demselben Maaß fügen,
und ich selbst habe gelegentlich angedeutet, auf welche
Weise die alten Künstler den Eindruck der Erhabenheit
zu erzeugen wußten, der ihre Götterköpfe in so wunder-
barer Weise auszeichnet[1]). Woher sie aber ihre Vorbilder
zu einer theilweise ganz außerhalb der natürlichen Bil-

---

[1]) Birchow. Entwickelung des Schädelgrundes. S. 77.

dungsgrenzen liegenden, also rein idealen Vergrößerung
mancher Schädel = und Gesichtsmaaße genommen haben,
dürfte schwieriger zu ergründen sein. Ich für meinen
Theil halte es für ganz möglich, daß hier Thierstudien
maaßgebend gewesen sind. Man sehe sich nur den Kopf
eines Löwen an und man vergleiche damit den typischen
Kopf eines Zeus, und wenn man dadurch nicht überzeugt
wird, so lese man die Physiognomik des Aristoteles.
Quibus quadrata et commensurata frons est, magna-
nimi; refertur ad leones. Quibus crines sublati a
fronte ad caput usque, liberales; refertur ad leones [1]).
Und so mag es denn wohl begreiflich sein, daß auch
Göthe mit seinen Thierstudien einen tieferen Einblick
in das Wesen der alten Kunst gewann, als mancher
Bildner.

Außer den Antiken in Marmor war es aber ein
wirklicher Schädel, der ihn in Rom besonders anzog.
„Ich sah," schreibt er, „die Sammlung der Akademie S.
Luca, wo Raphael's Schädel ist. Diese Reliquie scheint
mir ungezweifelt. Ein trefflicher Knochenbau, in welchem
eine schöne Seele bequem spazieren konnte."[2]) Und später:
„Ein wahrhaft wundersamer Anblick! Eine so schön als
nur denkbar zusammengefaßte und abgerundete Schaale,
ohne eine Spur von jenen Erhöhungen, Beulen und
Buckeln, welche, später an andern Schädeln bemerkt, in
der Gallischen Lehre zu so mannichfaltiger Bedeutung ge=
worden sind. Ich konnte mich von dem Anblicke nicht
losreißen."[3]) Welche Gedanken mochte ihm dieser An=

---

[1]) Physiognomica Aristotelis latina facta a Jodoco
Willichio Reselliano. Viteberg. 1538. p. E et E 3.

[2]) Sämmtliche Werke. Bd. 24. S. 261.

[3]) Ebendaselbst. S. 290.

blick erregen! Und doch scheint es, daß der Zufall ihn
irreleitete. Denn in einem 1853 erschienenen Werke be-
hauptet Carus, daß der ächte Schädel Raphaels „erst
vor ein Paar Decennien" in dem Grabe des Pantheon
aufgefunden sei, und er setzt in einer Anmerkung hinzu,
daß bisher in den phrenologischen Sammlungen ein fal-
scher raphaelischer Schädelabguß „von sehr gemeinem Ausdruck" existirt habe[1]).

Ich füge hier eine Copie des von Carus als ächt be-
zeichneten und als verhältnißmäßig klein geschilderten Schä-

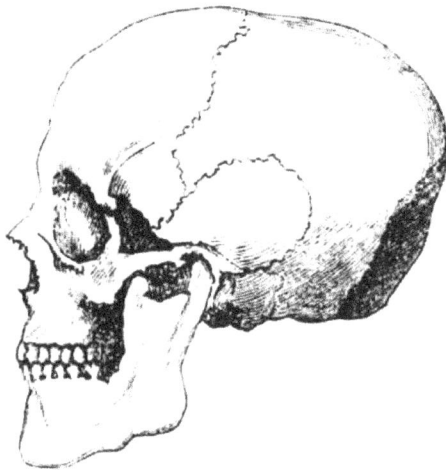

Fig. 2.

dels bei (Fig. 2.), und schließe daran zur Vergleichung
einen, nach den Vorbildern desselben Forschers[2]) gezeichne-
ten Schnitt von dem Schädel Schiller's (Fig. 3.).

---

[1]) Carl Gust. Carus. Symbolik der menschlichen Gestalt.
Leipzig 1853. S. 139.

[2]) Carus. Ebendaselbst. S. 149. Desselben Atlas der
Cranioskopie. Leipzig 1843. Heft I. Taf. I.

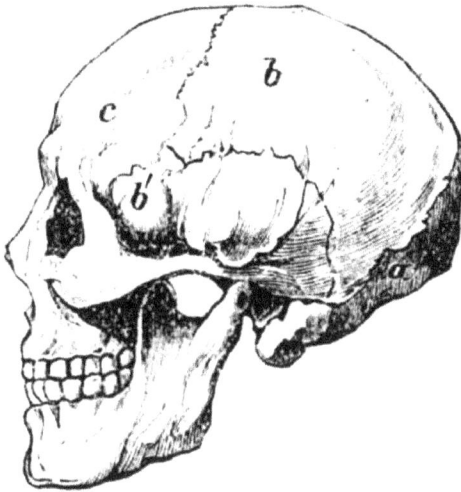

Fig. 3.

Carus bemerkt dazu, daß jeder der drei Hauptwirbel[1]) voll und schön entwickelt war. „Besonders groß, schön gerundet und fein modellirt erscheint das Mittelhaupt. Die Stirn ist wesentlich mehr in die Breite ausgebildet, als bei Göthe, bei welchem sie dagegen in der Mitte vor= springender war." In letzterer Beziehung bemerkt er an einem andern Orte[2]), daß bei Göthe die Entfernung der Ohröffnung von der größten Stirnwölbung 5" 6—8''' betrug, wie sie sonst nur bei Napoleon von ihm gefunden wurde, da sie gewöhnlich nur 5" erreiche. Wer erinnert sich hier nicht des Ausspruches von Gall, Göthe sei eigentlich zum Volksredner geboren?[3]). Der große Dichter

---

[1]) Zur Ergänzung der Fig. 1. sieht man hier die Seiten= ansicht der Schädelknochen: a Hinterhauptsschuppe, b Scheitel= bein, c Stirnbein, d. h. die Dornfortsätze der 3 Schädelwirbel; b' der Flügel des hintern Keilbeins oder das Bogenstück des zweiten Schädelwirbels.

[2]) Carus. Göthe. S. 72.

[3]) Göthe. Sämmtliche Werke. Bd. 27. S. 174. Bd. 21. S. 288.

lehnte scherzend diese Deutung, für welche der bekannte,
wenigstens halb mißlungene Versuch einer öffentlichen Rede
bei der Eröffnung des Bergbaues in Ilmenau nicht sehr
spricht, ab und hielt sich lieber an die Naturforschung, wo
ihm gerade Gall's Darstellung eine neue Anregung und
zu erneuter Anerkennung der Fundamente Lavater's Veranlassung gab[1]).

VIII.

Die Priorität der Entdeckung der Wirbeltheorie.

(Zu S. 61.)

Es scheint, daß zuerst Ulrich[2]) die Aufmerksamkeit auf
eine Stelle des berühmten Klinikers Peter Frank gelenkt
hat, welche den Schädel mit der Wirbelsäule vergleicht.
Schon Johannes Müller[3]) ging einen Schritt weiter, indem er sagte, Frank habe „zuerst die Idee von der Aehn-
lichkeit dieser Theile hingeworfen." Später[4]) wiederholt
er dasselbe noch bestimmter mit dem besonderen Zusatze,
daß weder Göthe, noch Oken, noch Duméril die Priorität hätten. Bei dieser Gelegenheit citirt er die schon von
Ulrich angeführte Stelle aus Frank's großem klinischen

1) Sämmtliche Werke. Bd. 27. S. 124.
2) Ulrich. Annotationes quaedam de sensu et
significatione ossium capitis. Diss. inaug. Berol. 1816.
3) Joh. Müller. Vergleichende Anatomie der Myxinoiden.
Berlin 1835. S. 121.
4) Joh. Müller. Gedächtnißrede auf Rudolphi. Berlin
1837. S. 15.

Werke, und wahrscheinlich auf dieses Citat hin haben mehrere neuere Autoren, z. B. Gegenbaur[1]), sich in demselben Sinne ausgesprochen. Es verlohnt sich daher wohl, die Stelle etwas genauer anzusehen. Sie lautet: Pars maxima nascentis magnaeque apud adultos extensionis caput cum vertebrali columna est. Sed quod hac in consimili calvariae vertebrarumque specu delitescit viscus, cerebrum, cerebellum spinalisque medulla[2]). Hier ist also nichts weiter gesagt, als daß die Schädelhöhle dem Wirbelkanal ähnlich sei.

Berthold[3]) bezieht sich freilich auf eine andere Stelle desselben Frank welche etwas mehr besagt. Hier heißt es: In ea semper opinione versatus sum quamcunque spinalis columnae vertebram pro parvo eodemque transverso cranio esse considerandam: quod ad instar majoris et in perpendiculum sequentibus vertebris superimpositae calvariae, determinatis corporis regionibus prospiciens, cerebellum amplectitur suum: et in quo cerebello spinali iidem prorsus morbi ac in ipso majori cerebro nascantur: quod scilicet extrema et ex omnibus maxime conspicua mobilissimaque vertebra, quam calvariam appellamus, custoditum, primatum a natura obtinuit. Quo propius caetera ab hac ipsa distant, eo nobilior

---

[1]) Gegenbaur. Grundzüge der vergleichenden Anatomie. Leipzig 1859. S. 442.

[2]) Joann. Petr. Frank. De curandis hominum morbis Epitome. Mannh. 1792. Lib. II. p. 42.

[3]) Arn. Ad. Berthold. Ueber Göthe's Anatomia comparata, am 28. August des Jahres 100 nach seiner Geburt vorgetragen. Göttingen 1849. S. 22.

est caudati cerebri indoles, eoque certior est, nota nimis infanticidis, momentanea violentiae lethalitas[1]). In diesen, bei Gelegenheit der Promotion seines Sohnes 1792 in Göttingen gesprochenen Worten ist allerdings der Schädel als der letzte und höchste Wirbel, jeder einzelne Wirbel als ein kleiner Schädel angesprochen, und insofern ist gewiß Frank das Verdienst nicht abzusprechen, auf den richtigen Weg hingewiesen zu haben. Indeß ist dies nicht die Wirbeltheorie, welche Göthe und Oken entwickelten, denn dabei handelt es sich nicht darum, daß der Schädel ein Wirbel oder jeder Wirbel ein kleiner Schädel sei, sondern vielmehr um die Zusammensetzung des Schädels aus einer Reihe einzelner, erst durch genaue Vergleichung festzustellender Wirbel. Nebenbei berührt diese Stelle Göthe's Priorität nicht, da diese mindestens zwei Jahre älter ist, höchstens die von Oken, wie sich sofort ergeben wird.

Oken veröffentlichte sein berühmtes Programm[2]) beim Antritt seiner Jenaer Professur 1807, unmittelbar nachdem er das „tiefgelehrte, weltumfassende Göttingen" verlassen hatte. Er gedenkt darin ebenso wenig Frank's, als Göthe's. Die Prioritätsfrage kam erst 11 Jahre später zur Verhandlung. 1818 nämlich besprach Bojanus die Deutung der Knochen im Kopfe und bemerkte bei dieser Gelegenheit: „Was gehört nun an dieser ganzen Darstellung dem allseitigen, überschwenglich sinn-

---

[1]) Jo. Pet. Frank. De vertebralis columnae in morbis dignitate oratio academica. Delectus opusculorum medicorum antehac in Germaniae diversis academiis editorum. Ticini 1792. Vol. XI. p. 8.

[2]) Oken. Ueber Bedeutung der Schädelknochen. Jena 1807. S. 3.

vollen Forscher Göthe — der, so viel ich weiß,
zuerst die Wirbelbildung im Schädel erkannt?
Was ist davon Okens, der sich vor allen darüber aussprach
und die Ansicht in das wissenschaftliche Gebiet einführte?
Was gebührt Meckel, Spix und anderen, die sie verschie=
dentlich weiter entwickelten und anwandten?" u. s. w.[1])
Darauf bemerkt Oken: „Diese Apostrophe ist sehr gele=
gen." Er erzählt nun, wie er 1802 ein Büchlein über
die Bedeutung der Sinne, worin er sie als eine Wieder=
holung niederer Organe darstellte, geschrieben habe, jedoch
noch nicht zu dem, freilich nahe liegenden Schlusse gekom=
men sei, daß auch die Schädelknochen „Wiederholungen der
Rumpfknochen" seien. Auch als er 1803 die Biologie
drucken ließ, sei er noch nicht der Schädelknochen Meister
gewesen, nur daß er, geleitet durch die Insektenkiefer, die
Kiefer als Arme und Füße im Kopfe deutete. Im August
1806, wo er mit zwei Studenten eine Harzreise machte,
passirte es ihm, daß er auf dem Wege nach dem Brocken
auf den Ilsenstein kletterte; er rutschte nachher auf der
Südseite den alten Weg zurück — „und sieh' da, es lag
der schönste gebleichte Schädel einer Hirschkuh vor meinen
Füßen. Aufgehoben, umgekehrt, angesehen, und es war
geschehen. Es ist eine Wirbelsäule! fuhr es mir wie ein
Blitz durch Mark und Bein — und seit dieser Zeit ist
der Schädel eine Wirbelsäule."[2])

---

[1]) Bojanus in Okens Isis. 1818. S. 510.

[2]) Diese Erzählung war Geoffroy=St. Hilaire unbe=
kannt, als er sechs Jahre später auf eine mündliche Mittheilung
von Albers hin die Sache so darstellte, als sei Oken die Idee
bei Gelegenheit einer Durchmusterung der Sammlung von
Albers in Bremen aufgegangen. (Ann. des sciences natur.
1824. III. 178.)

Gewiß ist es sehr sonderbar, daß Oken eben so zu=
fällig am Jlsenstein einen gebleichten Hirschschädel auf=
fand, der ihm das Geheimniß enthüllte, als daß Göthe
auf dem Judenkirchhofe in Venedig dasselbe an einem Schafs=
schädel erlebte. Indeß ist das Eine so wahrscheinlich, als
das Andere, und daß beide Männer so plötzlich die Wahr=
heit eines an sich schwierigen Satzes erkennen konnten,
das beweist doch höchstens, daß sie beide diesem Satze
nahe waren, daß sie ihn gewissermaßen gesucht hatten.
Denn Göthe hatte ja nicht blos in seinen physiognomi=
schen Studien, sondern auch in ernsthaften osteologischen Ar=
beiten sich genügend vorbereitet, und es dauerte gar nicht
lange, so kam er im Verfolg seiner Metamorphosen = Un=
tersuchungen auch auf die Insecten. Sein Briefwechsel
mit Schiller aus den Jahren 1796—1802 giebt darüber
vielfach Zeugniß[1]), und wenn Oken eher auf die Insecten,
als auf die Säugethiere gerieth, während dies bei Göthe
umgekehrt war, so sind doch selbst in diesem Punkte des
letzteren Arbeiten um ein Lustrum älter. Der einzige
scheinbar erhebliche Grund, der gegen ihn beigebracht wer=
den konnte, war der, daß er seine Beobachtungen nicht so=
fort veröffentlichte.

Diesen Grund hat Oken lange nachher, als der große
Dichter und Forscher schon 15 Jahre begraben lag, in
nicht edler Weise zum Mittelpunkte seiner Vertheidigung
und — seines Angriffes gemacht. Aufgereizt durch eine
Bemerkung in der Naturphilosophie Hegels, worin dieser
angab, Göthe habe Oken seine Abhandlung mitgetheilt

---

[1]) Briefwechsel zwischen Schiller und Göthe. I. S. 200,
206 u. 278. II. S. 391. Vgl. Göthe Sämmtliche Werke.
Bd. 27 S. 58, 62 u. 117.

und dieser die Sache als sein Eigenthum ausgekramt[1]), vielleicht auch erregt durch die überaus mißgünstige Note Riemer's[2]), erinnerte Oken daran, daß er sich schon 1836 darüber vertheidigt habe und daß auf der Naturforscher-Versammlung zu Jena sowohl Kieser, als Lichtenstein sich zu seinen Gunsten ausgesprochen hätten. Er erzählte ferner, daß er 1807 an Göthe, der damals Curator der Universität gewesen, ein Exemplar seines Programmes gesendet habe, worauf ihn dieser eingeladen, in den Osterferien 1808 zu ihm nach Weimar zu kommen, was er auch gethan habe. Erst in der Morphologie 1820 I. 2 S. 250 habe Göthe erwähnt, daß er seit dreißig Jahren derartige Beobachtungen fortgesetzt, und erst 1824 Morphologie II. 2 S. 122 sei er deutlicher herausgetreten und habe ihn des Plagiats beschuldigt. Da Göthe ihn jedoch „in dem hämischen Angriff nicht benannt, im Grunde auch nicht beschuldigt habe, so schwieg er, zumal da er in Jena wohnte."[3])

Gegenwärtig, wo uns der im Text citirte Brief an Herder's Gattin vorliegt, ist die Prioritätsfrage zu Gunsten Göthe's wohl als erledigt anzusehen. Dagegen erfordert es allerdings die Gerechtigkeit, anzuerkennen, daß keine Thatsache bekannt ist, welche dafür zeugt, daß Oken den Gedanken zuerst von Göthe bekommen habe, während es unzweifelhaft feststeht, daß Oken der erste war, welcher den Gedanken in wissenschaftlicher Form, wenngleich, wie Göthe

---

[1]) Hegel's Werke. Bd. VI. (Naturphilosophie, herausg. von Michelet 1842.) S. 567.

[2]) Riemer. Briefe von und an Göthe. Leipzig 1846. S. 300.

[3]) Okens Isis. 1847. S. 557.

in feinem Unmuthe fagt¹), „tumultuarifch" öffentlich ent=
wickelte. Denn es war freilich tumultarifch, als Oken in
feinem Programme 1807 gleich im Eingange ausrief:
„Der ganze Menfch ift nur ein Wirbelbein."²) Aber noch
im Jahre 1806 hatte auch Göthe eine offenbar ganz
falfche Vorftellung von dem Verhältniß der Pflanzen=
und Thier=Metamorphofe zu einander. „Man kann,"
fagt er bei Riemer³), „die Phalangen (Wirbel im Rücken
und fonft) als Knoten anfehen bei den Pflanzen. Wie
die Pflanze von Knoten zu Knoten wächft, fo die Orga=
nifation der Thiere. Die Knochen der Arme und Beine
find auch nichts anderes als größere Knoten oder Pha=
langen." Eine folche Vergleichung widerftreitet der Ent=
wickelungsgefchichte und hält fich ganz am Aeußerlichen,
was Oken nirgend gethan hat.

Uebrigens muß der Gedanke, die Bildung des Schä=
dels in Vergleichung zu der Zufammenfetzung der Wirbel=
fäule zubringen, damals fo fehr „in der Luft gelegen" haben, daß
es nicht zu verwundern ift, wenn verfchiedene Männer
unabhängig von einander darauf geführt wurden⁴). So

---

¹) Sämmtliche Werke. Bd. 36. S. 271.

²) Oken. Bedeutung der Schädelknochen. S. 5.

³) A. a. O. S. 299.

⁴) Göthe fagt einmal fehr fchön: „Und doch ziehen ge=
wiffe Gefinnungen und Gedanken fchon in der Luft umher, fo
daß mehrere fie erfaffen können. Immanet aër sicut anima
communis quae omnibus praesto est et qua omnes communicant invicem. Quapropter multi sagaces spiritus
ardentes subito ex aëre persentiscunt quod cogitat alter
homo. Oder, um weniger myftifch zu reden, gewiffe Vor=
ftellungen werden reif durch eine Zeitreihe. Auch in ver=
fchiedenen Gärten fallen Früchte zu gleicher Zeit vom Baume."
(Sämmtliche Werke. Bd. 40 S. 460.)

erwähnt Ulrich, daß sein Lehrer Kielmeyer den ganzen
Kopf als einen Wirbel (caput integrum tanquam vertebram) betrachtet habe und er citirt aus einem Werke
von Burdin, einem Schüler Duméril's, vom Jahre 1803
eine ganz ähnliche Stelle[1]). Duméril hielt diese Vorstellung auch noch späterhin fest, denn am 15. u. 22. Febr.
1808 entwickelte er dieselbe in einer durchaus wissenschaftlichen Weise in einem Vortrage über die zwischen allen
Knochen und Muskeln des Stammes der Thiere stattfin-
dende Analogie[2]). Allein diese Betrachtung erregte, wie
Geoffroy-St. Hilaire erzählt[3]), den Spott der Akademiker,
welche sich zuraunten, der Kopf werde nun der Denkwir-
bel (vertèbre pensante) sein. Cuvier, obwohl er am
Schädel drei Knochengürtel unterschied[4]), wehrte sich lange
gegen die neue Theorie, auf welche Blainville[5]) und
Geoffroy-St. Hilaire[6]) genauer eingingen. Jeder einzelne
dieser Forscher hat sein besonderes Verdienst in der
Sache[7]), und wenn noch gegenwärtig die Frage über die
Zahl der Schädelwirbel nicht ganz entschieden ist, so

---

[1]) Burdin Cours d'études médicales. Paris 1803.
p. 16: la tête est elle-même une espèce de vertèbre très-
developpée.

[2]) Magasin encyclopédique par Millin. 1808. III.
Reil und Autenrieth. Archiv für die Physiologie. 1809.
IX. S. 467.

[3]) Annales des sciences naturelles. 1824. III. p. 173.

[4]) Cuvier Regne animal. 1817. I. p. 73.

[5]) Bulletin des sciences. 1816. p. 108. 1817. p. 111.

[6]) Annales des sciences nat. 1824. III. p. 173.

[7]) Vgl. Ch. Fr. Martins. Oeuvres d'histoire natu-
relle de Goethe, comprenant divers mémoires d'anatomie
comparée, de botanique et de géologie. Paris et Gé-
nève. p. 437.

wird man den erften Urhebern der Theorie wohl keinen Vorwurf daraus machen können, wenn jeder von ihnen in dem einen oder anderen Punkte geirrt hat.

IX.

Albertus Magnus.

(Zu S. 62.)

Der Gedanke Pouchet's[1], daß Albert der Große die Wirbeltheorie ſchon gekannt habe, — ein Gedanke, den auch Lewes, freilich ohne das Original nachgeſehen zu haben, zuläßt[2], — ſcheint mir ungegründet zu ſein. Allerdings ift es richtig, daß der gelehrte Mönch der Wirbelſäule eine große Bedeutung beilegt, aber nirgends identificirt er ſie mit dem Schädelgerüſt, und namentlich die von Lewes ſo betonte Bezeichnung der „Kopfglieder“ hat bei ihm eine ganz andere Bedeutung, als bei den heutigen Naturforſchern. Ich ſtelle in Nachſtehendem die betreffenden Stellen zuſammen, welche ſich ſämmtlich in dem Thierbuch[3] finden:

Lib. 1 Tract. 2 cap. 11. Et est digressio declarans formam et numerum et utilitatem spondilium colli et dorsi.

---

[1] Pouchet Histoire des sciences natur. au moyen age ou Albert le Grand et son époque. Paris 1853. pag. 269 sq.

[2] Lewes II. pag. 37. Note.

[3] Beati Alberti Magni Ratisb. Episc. Ord. Praedic de animalibus Lib. XXVI. (Operum T. VI.) Lugd. 1651.

pag. 40. Est igitur dorsum via principii nervorum motiuorum, custodia nobilium, fundamentum mollium ossium, et inclinationis et erectionis et status adiutorium.

Spina dorsi est scilicet medium lignum longum in naui cui omnia alia ligna affiguntur: omnia enim ossa corporis aliquo modo mediate vel immediate spinae dorsi affiguntur.

Lib. 1 Tract. 2 cap. 14. Et est digressio declarans de musculis in communi et de musculis capitis et membrorum quae sunt in capite et collo et gutture.

(p. 45.) Videmus moueri in facie septem membra universaliter ab omnibus et a quibusdam 8. quae sunt frons, oculi, palpebrae superiores et maxilla in communitate labiorum et labia sine maxillis et duae inferiores narium extremitates. Mouetur autem et mandibula inferior forti motu.

(p. 96.) Lib. II. Tract. 1 cap. 1. Natura non facit distantia genera, nisi faciat aliquid medium inter ea: quia natura non transit ab extremo in extremum nisi per medium.

Est autem quoddam genus in quo plurima communicant et hoc est animal quadrupes generans animal sibi simile: et quaecunque in hoc genere conueniunt, ex membris quae proportionantur membris animalium habent caput et collum. — In his membris quae sunt in dicto genere, proportionem habent ad capitis membra quae sunt in homine.

(p. 132.) Lib. III. Tract. 2 cap. 1. Spondilia
quae sunt fundamenta omnium ossium
— et initium eorum est a parte capitis, vbi
caput et os capitis cum primo spondili colli
coniunguntur. Os autem quod cranium siue
testa capitis vocatur, non in omnibus animalibus secundum vnam et eandem est dispo-
sitionem.

Letzterer Absatz zeigt ganz deutlich, daß, so großes
Gewicht auch Albert der Wirbelsäule beilegte, er sie doch
ganz bestimmt von den Schädelknochen scheidet, und was
die Kopfglieder anlangt, so wird wohl jede Analogie mit
den Extremitäten verwischt sein, wenn man erfährt, daß
der gelehrte Bischof die Stirn, die Augen, die Lippen,
die Nasenflügel u. s. f. als membra capitis bezeichnet.
Ueberdies will ich noch erwähnen, daß an einer anderen
Stelle (Lib. I. Tr. 1 cap. 2 p. 3) die Glieder, membra
definirt und in ähnliche und unähnliche eingetheilt werden;
zu letzteren rechnet Albert Hand, Fuß, Kopf, Rücken,
Brust; zu ersteren Fleisch, Knochen, Mark, Nerven, Ve-
nen, Chorda, Knorpel. Dies ist also ganz etwas anderes,
als wenn man heut zu Tage die Gesichtsknochen in ihrem
Verhältnisse zum Schädel Kopfglieder nennt, indem man
sie den Extremitäten in ihrem Verhältnisse zur Wirbelsäule vergleicht, — eine Vergleichung, welche Göthe in
Beziehung auf den Unterkiefer wirklich anstellt[1]), in Beziehung auf Oberkiefer und sonstige Gesichtsknochen aber
ablehnt.

Wunderbar klar dagegen ist bei Albert der Satz,
daß die Natur nichts ohne Uebergänge, ohne Vermitte-

---

[1]) Sämmtliche Werke. Bd. 36 S. 255.

lung thue und daß die Säugethiere als die Mittler
zwischen dem Menschen und der übrigen Thierwelt er=
scheinen.

Ich bemerke, daß Albert, ein geborner Graf von
Bollstadt (in Schwaben), zuerst Provincial der deutschen
Dominikaner war und in Paris und Cöln lehrte, daß er
1260 Bischof in Regensburg wurde, aber nach drei Jah=
ren sein Amt niederlegte und nach Cöln zurückkehrte, wo
er 1289 starb. Er war der Lehrer von Thomas von
Aquino und der berühmte Tritheim sagt von ihm in den
Annales Hirsaugienses: magnus in magia naturali,
major in philosophia, maximus in theologia. Daß
jene Zeit einen Mann, der 21 Foliobände über alle
Zweige des Wissens von menschlichen und göttlichen Din=
gen hinterließ, für einen Zauberer hielt, darf wohl nicht
in Erstaunen setzen. Doctor Faust hat keine größeren
Ansprüche auf solchen Ruhm gehabt.

X.

Kielmeyer und Cuvier.

(Zu S. 64.)

In der Geschichte der Wissenschaften stoßen wir zu=
weilen auf Gebiete, welche, so nahe sie unserer Zeit lie=
gen, doch so schwierig aufzuklären sind, wie wenn es sich
um die frühesten Perioden der Cultur handelte. Die Ge=
lehrten pflegt man nach ihren Werken zu beurtheilen, die
sie geschrieben und in den Druck gegeben haben, und be=
kanntlich wird mancher für einen Gelehrten gehalten, weil
viel von ihm Geschriebenes gedruckt worden ist. Aber

selbst in unserer schreibefertigen Zeit giebt es immer noch
Gelehrte, welche keine Handbücher, ja sogar, welche keine
Monographien schreiben, Männer, deren Schüchternheit
oder Bescheidenheit oder Zurückhaltung höchstens bei Ge=
legenheit einer öffentlichen Feierlichkeit oder eines akademi=
schen Ereignisses gebrochen wird, und welche doch, gleich
den Weisen des Alterthums, einen bestimmenden Einfluß
auf die Anschauungen ihrer Zeit ausüben. Zuweilen sind
gerade sie die Lehrer, deren Einfluß so allgemein ist, daß
keiner der Jüngeren sich demselben zu entziehen vermag.
Die Literaturgeschichte aber hat hier jedesmal eine Lücke,
denn erst die Schriften der Schüler entwickeln die Ge=
danken des Meisters, der gleichsam aus der Verborgenheit
wirkt. Nur die Briefe und Aufzeichnungen der Zeitge=
nossen lassen erkennen, wes Geistes der Mann war, und
die Geschichte der Wissenschaft, welche die Entwicklung des
menschlichen Geistes in der Gesetzmäßigkeit und Continui=
tät seines Fortschreitens zu zeigen hat, muß die Lücken
ergänzen, welche die Literatur=Geschichte nicht zu füllen
vermag.

Solch' ein Lehrer war Carl Friedrich Kielmeyer, und
der Jünger, dessen unsterbliche Werke den Ruhm dieses
Meisters preisen, war Georges Cuvier. Göthe hat sich
über beide und ihr Verhältniß zu einander wiederholt
ausgesprochen. Schon in einem Briefe an Herder von
1793 oder 1794 spricht er[1]) von Kielmeyer's Rede über
die Verhältnisse der organischen Kräfte unter einander in
der Reihe der verschiedenen Organisationen, die Gesetze
und Folgen dieser Verhältnisse. (Gedruckt Tübingen 1793.)
Im Jahre 1797 sah er ihn selbst in Tübingen. Göthe's

---

[1]) Aus Herder's Nachlaß. Bd. I. S. 145.

Tagebuch enthält folgende Notiz: „Früh mit Professor Kiel=
meyer, der mich besuchte, verschiedenes über Anatomie und
Physiologie organischer Naturen durchgesprochen. Sein
Programm zum Behuf seiner Vorlesungen wird ehestens
gedruckt werden. Er trug mir seine Gedanken vor, wie
er die Gesetze der organischen Natur an allge=
meine physische Gesetze anzuknüpfen geneigt
sey, z. B. der Polarität, der wechselseitigen Stimmung
und Correlation der Extreme, der Ausdehnungskraft ex=
pansibler Flüssigkeiten. Er zeigte mir meisterhafte natur=
historische und anatomische Zeichnungen, die nur des leich=
teren Verständnisses halber in Briefe eingezeichnet waren,
von George Cuvier, von Mümpelgard, der gegenwärtig
Professor der vergleichenden Anatomie am National=In=
stitut in Paris ist. Wir sprachen verschiedenes über seine
Studien, Lebensweise und Arbeiten. Er scheint durch seine
Gemüthsart und seine Lage nicht der völligen Freiheit zu
genießen, die einem Manne von seinen Talenten zu wün=
schen wäre. — Ueber die Idee, daß die höheren organi=
schen Naturen in ihrer Entwicklung einige Stufen vor=
wärts machen, auf denen die anderen hinter ihnen zurück=
bleiben. Ueber die wichtige Betrachtung der Häutung,
der Anastomosen, des Systems der blinden Därme, der
simultanen und successiven Entwicklung."[1]

Wie viele Gedanken sind hier angeregt, welche
Göthe's schöpferischer Geist später entwickelte! und wie
sonderbar, daß es Göthe war, der sie aufnahm, und nicht
Schiller, der doch viel leichter dazu hätte gelangen können!
Denn Kielmeyer, obwohl sechs Jahre jünger als Schiller,
war doch in demselben Jahre mit ihm, 1773, in die

---

[1] Sämmtliche Werke. Bd. 26 S. 97.

Carls = Akademie, die damals noch auf der Solitude war, aufgenommen; auch er war Mediciner geworden, und hatte dieselben Lehrer gehabt, wie Schiller, aber er blieb der einmal gewählten Wissenschaft treu und 1806 widmete ihm, „dem ersten Physiologen Deutschlands", Alexander von Humboldt seine Beobachtungen aus der Zoologie und vergleichenden Anatomie[1]). Noch zur Zeit, als ich studirte, wurden Kielmeyer's Lehrsätze, obwohl sie fast nur traditionell von Mund zu Mund fortgepflanzt waren, in den Vorlesungen über Physiologie angeführt; so tief und nachhaltig war sein Einfluß.

„Georg Leopold Cuvier, geboren 1769 in dem damals noch würtembergischen Mömpelgard; er gewinnt hiebei genauere Kenntniß der deutschen Sprache und Literatur; seine entschiedene Neigung zur Naturgeschichte giebt ihm ein Verhältniß zu dem trefflichen Kielmeyer, welches auch nachher aus der Ferne fortgesetzt wird. Wir erinnern uns im Jahre 1797 frühere Briefe Cuvier's an den genannten Naturforscher gesehen zu haben, merkwürdig durch die in den Text charakteristisch und meisterhaft eingezeichneten Anatomien von durchforschten niederen Organisationen."

So schrieb Göthe[2]) im September 1830. Ich füge zur weiteren Erläuterung bei, daß Cuvier, 14 Jahre alt, 1784 in die Carlsakademie aufgenommen wurde und daselbst bis 1788 blieb, also noch zum Theil Kielmeyer's

---

[1]) A. Moll. Die medicinische Facultät der Carlsakademie in Stuttgart. (Aus dem Würtemb. Medic. Correspondenzbl.) Stuttg. 1859. S. 17. Vergl. R. Wagner in Sömmerring's Leben S. 164. und G. Jäger in den Acta acad. Caes. Leop. Carol. Vol. XXI. p. 11.

[2]) Sämmtliche Werke. Bd. 40. S. 496.

Mitschüler war. Auch hat er nicht unmittelbar bei diesem
Vorlesungen gehört, was jedoch nicht hinderte, daß er
selbst erklärte: er werde Kielmeyer immer als seinen Lehrer
betrachten und sein Genie bewundern wie kein anderer.
In der Vorrede zu seiner vergleichenden Anatomie sagt
er: Kielmeyer habe ihm die Daten an die Hand gegeben,
von welchen er ausgegangen sei[1]). Und so spricht sich
auch Johannes Müller aus: „Die Deutschen dürfen es
sich stolz sagen, daß Kielmeyer es war, der die verglei=
chende Anatomie von dieser ihrer innerlichen Seite zuerst
erkannte. Er, der sie ins Leben gerufen, hat ihr auch
diese geistige Bestimmung mitgegeben. Darauf hat Cuvier
die Organe durch die Thierreihe in ihrer leiblichen Meta=
morphose verfolgt"[2]).

---

[1]) Moll a. a. O. S. 18. 38.

[2]) Müller. Zur vergleichenden Physiologie des Gesichts=
sinnes. Leipzig 1826. S. 29. Vergl. meine Gedächtnißrede
auf Joh. Müller. S. 6.

www.ingramcontent.com/pod-product-compliance
Lightning Source LLC
Chambersburg PA
CBHW031418180326
41458CB00002B/425